Khalid Belghazi

Pertes de chaleur d'un nouveau-né dans un incubateur thermique

Khalid Belghazi

Pertes de chaleur d'un nouveau-né dans un incubateur thermique

Modélisation par un mannequin thermique des pertes de chaleur d'un nouveau-né dans un incubateur thermique

Presses Académiques Francophones

Imprint

Any brand names and product names mentioned in this book are subject to trademark, brand or patent protection and are trademarks or registered trademarks of their respective holders. The use of brand names, product names, common names, trade names, product descriptions etc. even without a particular marking in this work is in no way to be construed to mean that such names may be regarded as unrestricted in respect of trademark and brand protection legislation and could thus be used by anyone.

Cover image: www.ingimage.com

Publisher:
Presses Académiques Francophones
is a trademark of
International Book Market Service Ltd., member of OmniScriptum Publishing Group
17 Meldrum Street, Beau Bassin 71504, Mauritius

Printed at: see last page
ISBN: 978-3-8416-3672-0

Zugl. / Agréé par: Amiens, Université Jules Verne, 2005

Ces travaux ont fait l'objet d'un soutien financier du : Ministère de l'Education Nationale de la Recherche et de la Technologie et du Conseil Régional de Picardie.

Les études présentées dans ce travail ont fait l'objet de diverses publications et communications scientifiques.

PUBLICATIONS

2005

Belghazi K., Elabbassi EB., Tourneux P. and Libert J-P. "Assessment of whole body and regional evaporative heat loss coefficients in very premature infants using a thermal mannequin: influence of air velocity". *Med. Phys, march 2005; 32 (3): 752-758.*

Belghazi K., Tourneux P., Elabbassi EB., Ghyselen L., Delanaud S. and Libert J-P. Thermal efficiency of a plastic bag in neonatal care at delivery: Assessment using a thermal "Sweating" mannequin. *Med. Phys. 2005; Accepté.*

2004

Elabbassi EB, **Belghazi K.**, Delanaud S, Libert J-P. «Dry heat loss in incubator: comparison of two premature newborn sized mannequins» *Eur. J. Appl. Physiol. 2004; 92: 679-682.*

Delanaud S., **Belghazi K.**, Elabbassi EB., Bach V., Buisson P. and Libert J.-P. "Modelling of thermal exchanges of the newborn from a thermal mannequin: biomedical applications" *ITBM-RBM ,june 2005, 25: 219-226.*

Communication dans les congrès nationaux et internationaux :

Congrès nationaux :

Belghazi K., Elabbassi EB., Delanaud S. et Libert J-P. « Mesure des échanges de chaleur évaporatoire du nouveau-né prématuré à partir d'un mannequin thermique ». 10éme journées francophones de recherche en néonatologie. Institut pasteur 16-17 décembre 2004 Paris (présentation orale).

Belghazi K., Elabbassi EB., Delanaud S. et Libert J-P. « Détermination du coefficient d'évaporation du nouveau-né prématuré à partir d'un mannequin thermique sueur ». Présentation d'un poster lors de la réunion de l'Ecole Doctorale Science et Santé, 2004, Compiègne.

Belghazi K., Elabbassi EB., Nloka H., Libert J-P. « Estimation des pertes de chaleur de la tête chez les nouveau-nés nus et vêtus en utilisant un mannequin thermique » 12^{éme} Forum des jeunes Chercheurs en GBM, Journées de recherche en Imagerie Médicale, 2^{éme} rencontres des jeunes Entrepreneurs, Nantes 21-23 mai 2003 (présentation de poster).

Nloka H., Elabbassi EB., **Belghazi K.**, Libert J-P. « Evaluation des échanges de chaleur sèche chez les nouveau-nés : influence de la position dans le syndrome de la mort subite de l'enfant » 12^{éme} Forum des jeunes Chercheurs en GBM, Journées de recherche en Imagerie Médicale, 2^{éme} rencontres des jeunes Entrepreneurs, Nantes 21-23 mai 2003 (présentation de poster).

Belghazi K., Elabbassi EB., Delanaud S. Participation aux journées d'études THERMOGRAM qui se sont déroulées à Sénart (77127 Lieusaint) le 27 et le 28 novembre 2003.

Congrès internationaux :

Belghazi K., Ghyselen L., Elabbassi EB., Agourram B. and Libert JP. « Influence of neonate's body position with and without a plastic blanket on body heat loss assessed from a thermal mannequin ». ICEE 2005, Ystad, Suede, 22-26th May, 2005 (Article, 658-660; présentation de poster).

Elabbassi E.B., **Belghazi K.**, Delanaud S. and Libert J-P. « Newborn Radiant Heat Loss in Closed incubator using a Thermal Mannequin ». Biomedical Engineering Society 2003 Annual Fall Metting. BMES Octobre 1-4, 2003, Nashville, Tennessee, USA. (Abstract ; Présentation de poster)

Elabbassi EB., **Belghazi K.**, Delanaud S. and Libert J-P. « Dry heat loss in incubator : Comparison of two premature newborn sized mannequins » 5I3M : 5th International Meeting on thermal manikin and modelling Strasbourg, France, 29-30th Sept, Oct 1st, 2003. (Publication avec comité de lecture, 679-682 ; présentation orale).

INTRODUCTION GENERALE

1. Introduction générale

Le maintien d'une température corporelle normale est fondamental pour l'organisme. Il permet d'assurer un fonctionnement optimal de toutes les régulations physiologiques optimisant ainsi les chances de survie de l'enfant prématuré. L'homéothermie qui caractérise cette stabilité est assurée par un équilibre entre les gains et les pertes de chaleur du corps vers l'environnement.

La température interne bien souvent représentée par la température rectale est maintenue dans une gamme de valeurs comprises entre 36,5 et 37,5 °C.

A la naissance, la température interne du nouveau-né chute rapidement si aucune mesure n'est prise pour le maintenir au chaud et le protéger contre les pertes de chaleur (Gandy et al., 1964 ; Adamsons and Towell, 1965 ; Dahm and James, 1972).

Si on ne limite pas les pertes de chaleur, le nouveau-né peut rapidement développer une hypothermie, la température interne devient inférieure à une valeur limite fixée par les thermophysiologistes à 36,5 °C. Au contraire, une ambiance thermohygrométrique trop élevée peut provoquer une hyperthermie corporelle (température interne > 37,5 °C).

Le maintien de l'homéothermie est vital chez les nouveau-nés prématurés ou de faible poids de naissance.

Compte tenu des conséquences graves provoquées par l'exposition à un environnement trop froid ou trop chaud sur la santé de l'enfant, il est essentiel de connaître les conditions thermohygrométriques optimales auxquelles il est exposé, c'est-à-dire la gamme de conditions thermiques ambiantes dans lesquelles l'enfant peut maintenir une température corporelle normale. Il n'existe malheureusement pas de température ambiante moyenne optimale pour l'ensemble des nouveau-nés (Telliez et al., 1997). Cela s'explique par l'existence de différences interindividuelles liées aux données anthropométriques de ces enfants et à leur degré de maturation fonctionnelle (Bach et al., 2000). Ainsi, un environnement thermique adapté à un nourrisson né à terme est trop froid pour un prématuré et, inversement. D'une manière générale la plupart des nouveau-nés ne peuvent supporter une température ambiante inférieure à 32 °C s'ils sont nus et si leur surface cutanée est mouillée (Brück, 1961).

Pour des raisons liées à la fois à la géométrie du corps (segments corporels de petits diamètres) qui accélère les pertes caloriques entre la peau et l'environnement et aux couches cutanées qui sont de faibles épaisseurs, les capacités du nouveau-né à maintenir une température interne constante sont limitées face à une exposition au froid. Les mécanismes de lutte contre la contrainte thermique froide sont souvent insuffisants et le prématuré peut rapidement se trouver en situation d'hypothermie. Pour garantir sa survie et en particulier une croissance optimale, il doit être placé dans un incubateur fermé ou sous une table radiante dans des conditions thermiques qui vont réduire les pertes d'énergie liées aux processus thermorégulateurs.

L'étude de la régulation thermique, des conditions d'élevage des enfants et des performances thermiques des incubateurs, reste difficile en raison des problèmes d'éthiques et de la grande variabilité inter-individuelle liée, non seulement à un degré de maturation fonctionnelle différent mais aussi aux soins imposés. Pour ces raisons, certaines études utilisent des modèles physiques de type mannequin thermique. A notre connaissance, il n'existe que 4 modèles dont le nôtre simulant la morphologie des enfants nouveau-nés (Wheldon, 1982 ; Sarman et al., 1992 ; Frankerberger et al., 1997 ; Elabbassi et al., 2002). Par rapport à ces modèles, celui qui est développé et présenté dans ce travail tient compte non seulement des dimensions anthropométriques exactes de l'enfant et de l'hétérogénéité locale des différentes températures cutanées que l'on peut mesurer chez des nouveau-nés placés en incubateurs mais également de ses pertes en eau par voie cutanée.

Un modèle développé précédemment par Apédoh et al. (1999) avait permis de simuler et de caractériser les échanges de chaleur « sèche » définis par la conduction, la convection et le rayonnement. Nous l'avons complété en ajoutant l'échange de chaleur latent à savoir l'évaporation. L'évaporation de l'eau du corps est en effet un mode de déperdition calorique important, le seul qui permet de refroidir de manière efficace l'organisme lorsque l'enfant est placé dans un environnement thermique trop chaud. Ce type de refroidissement est particulièrement important chez le nouveau-né de faible poids de naissance dont les pertes hydriques transcutanées sont grandes en raison de l'immaturité de la barrière cutanées. Ces pertes en eau sont également responsables d'un déséquilibre hydrominéral dans l'organisme qui augmente le risque de mortalité.

Le but de notre travail était de :
1- Concevoir et valider un mannequin représentant un nouveau-né de 900 g permettant de maîtriser les échanges de chaleur sèche et latent ;
2- Répondre à une préoccupation d'ordre médical à savoir l'efficacité d'un sac de polyéthylène sur les pertes en eau et sur les échanges de chaleur d'un nouveau-né prématuré dans les premières heures de vie.

1.1. Incubateurs

Le premier appareil fabriqué dans le but de réchauffer les nouveau-nés fut conçu en 1835 par les Russes. L'enfant était placé dans une bassine à double paroi entre lesquelles circulait de l'eau chaude. L'appellation incubateur vient d'un français Denucé (1857) tandis que les études sur son utilisation et ses effets physiologiques ont débuté en Allemagne grâce aux travaux de Credé (1884).

A partir de 1880, Tarnier, accoucheur, visite au jardin d'acclimatation de Paris les nouveaux incubateurs à poulets, que l'on expérimente à partir de plans très anciens transcrits dans des hiéroglyphes. Il a eu l'idée d'appliquer la méthode aux nouveau-nés et fait construire les premières couveuses. L'air entrant par une porte d'aération spéciale était chauffé au contact d'un bac d'eau remplacé au moins toutes les trois heures.

Avec ses élèves, Tarnier pose les bases essentielles de la réanimation néonatale et des soins aux prématurés : hygiène rigoureuse, alimentation suffisante par gavage, élevage dans une atmosphère humide, à température d'air constante et isolement des enfants.

En 1883, le pédiatre Américain Rotch développe le premier incubateur mobile monté sur trois roues qui permettait le transport des enfants nés à domicile vers l'hôpital. L'incubateur de Rotch était équipé d'un ventilateur et d'un anémomètre mesurant la vitesse d'écoulement du flux d'air. L'incubateur comportait également une balance pour peser les enfants sans avoir à les déplacer. La source de chaleur était une bassine d'eau chaude.

Le premier incubateur commercialisé fut conçu en 1891 par Lion, un ingénieur français, il comportait une enceinte avec des portes en verre à travers lesquelles on pouvait observer l'enfant. L'air circulant à l'intérieur de l'enceinte était chauffé au contact d'un bac d'eau et sa température était régulée et contrôlée avec une précision de $\pm$ 0,5 °C.

En 1915, le physicien Américain Hess a conçu des incubateurs où le chauffage et la régulation en température de l'eau contenue entre les parois permettaient de maintenir un niveau thermique adéquat pour le nouveau-né et exigeait moins d'attention de la part des cliniciens. Cet incubateur a été utilisé jusqu'au début des années 1950. Le premier incubateur moderne a été initié par Chapple en 1938. L'objectif était d'isoler le nouveau-né afin d'éviter les contaminations bactériologiques tout en lui assurant des conditions optimales de température et d'humidité de l'air. Deux années plus tard, Chapple utilisa son incubateur à l'hôpital de Philadelphie et montra que les études cliniques étaient satisfaisantes pour envisager une production industrielle. Malheureusement, la seconde guerre mondiale arrêta cette production. Ce n'est qu'en 1947, avec la sortie de l'incubateur Isolette C35, que commença l'ère de l'incubateur moderne.

Aujourd'hui plusieurs types d'appareils existent pour maintenir un environnement thermique optimal aux nouveau-nés.

L'utilisation des incubateurs a considérablement augmenté les chances de survie des nouveau-nés prématurés (Buetow et Klein, 1964 ; Day et al., 1964 ; Perlstein et al., 1976 ;Hammarlund et Sedin, 1983), en fournissant un environnement thermique stable (Bell, 1985) et en limitant les risques d'infection (Mann et Elliott, 1957).

Actuellement il existe trois types d'incubateurs : les incubateurs fermés, les incubateurs ouverts ou radiants et les incubateurs de transport.

1.1.1. Incubateurs fermés

L'incubateur fermé représenté sur la figure 1.1 est un équipement de surveillance qui permet le maintien de l'équilibre thermique de l'enfant par réchauffement, et humidification de l'air circulant dans l'habitacle.

Il est réservé aux enfants prématurés et aux nouveau-nés dans les secteurs de médecine, chirurgie, réanimation néonatale, maternité.

Un incubateur fermé est composé de 3 parties :

- Un habitacle simple ou a double parois en plexiglas comprenant des hublots d'accès et un module de mesure de la température de l'air circulant. Le nouveau-né est placé dans cette partie sur un matelas horizontal ou en légère décline ;
- Un bloc technique où se situe le système de chauffage, d'humidification et de la régulation de la température de l'air ;
- Un pied permettant de régler la hauteur de l'incubateur afin de faciliter l'accès et les soins.

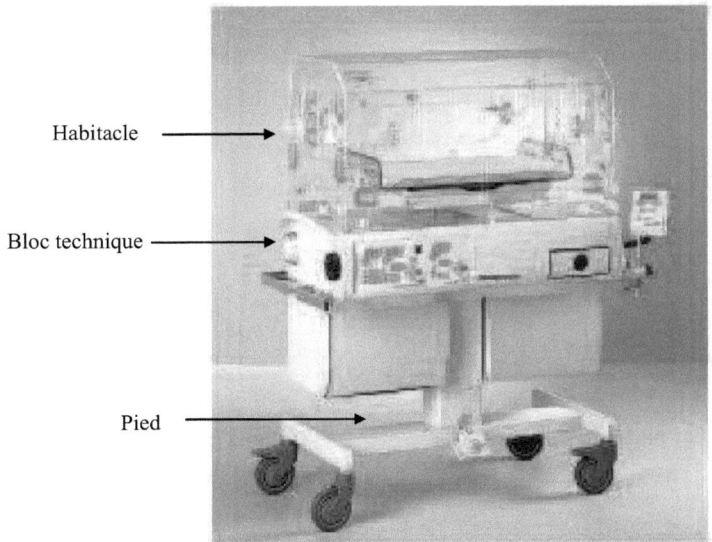

Habitacle

Bloc technique

Pied

Figure 1.1 : Incubateur fermé (ISIS, Médipréma Tours, France).

L'air extérieur aspiré au travers d'un filtre circule au dessus d'une résistance électrique chauffante et est entraîné par un dispositif d'hélice ou de turbine vers l'habitacle. La puissance de chauffe est contrôlée à partir d'une température de consigne fixée par l'utilisateur. Une sonde thermique cutanée (région abdominale) ou aérienne placée dans l'habitacle de l'incubateur permet d'asservir la température par une boucle de régulation fermée basée sur un signal d'erreur généré par différence entre la valeur mesurée et la valeur de consigne.

Trois méthodes d'humidification sont actuellement utilisées pour humidifier l'air circulant dans ces incubateurs :
- Système passif par léchage : l'air stérile passe au dessus d'une surface d'eau chaude, contenue dans un bac, et transporte la vapeur d'eau dans l'incubateur ;
- Système actif de nébulisation : par nébulisation, l'eau stérile est transformée en microgouttelettes d'eau, ces dernières sont injectées dans l'incubateur grâce au flux d'air généré par le nébuliseur ;
- Système actif par évaporation de l'eau : l'eau s'évapore en passant au dessus d'une résistance chauffante, cette vapeur est injectée dans l'incubateur grâce à un flux d'air.

1.1.2. Incubateurs radiants

Les incubateurs ouverts sont des tables radiantes sur lesquelles le réchauffement de l'enfant se fait par émission de rayonnement infrarouge de longueur d'onde 2 μm (Baugmart, 1987). Les ondes électromagnétiques pénètrent à une profondeur de 0,2 à 0,4 mm à partir de la surface de la peau (Stolwijk et Hardy, 1965). La source infrarouge est placée au dessus du matelas sur lequel l'enfant est couché (Figure 1.2).

L'incubateur radiant est un appareil composé de quatre parties :
- Au niveau supérieur, le capot pivotant comprenant les éléments chauffants;
- Un bloc médian comprenant le système de contrôle (sonde thermique, oxygène, boîtier électrique,...) ;
- Un plan de couchage et les plateaux ;
- Une partie inférieure ou châssis.

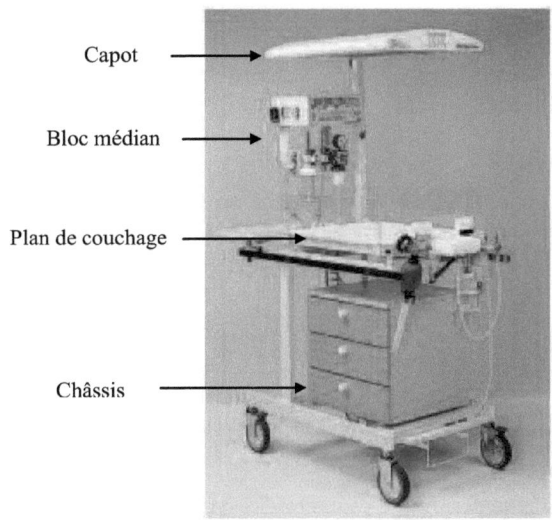

Capot

Bloc médian

Plan de couchage

Châssis

Figure 1.2 : Incubateur radiant (Table de réanimation, Médipréma Tours, France).

1.1.3. Incubateurs de transport

Cet incubateur est utilisé pour le transport des nouveau-nés vers des centres spécialisés (Figure 1.3). Peu d'études se sont intéressées aux incubateurs de transport dont les performances sont proches de celles des incubateurs fermés mais sans le dispositif d'humidification. Ces incubateurs ont un habitacle en double ou simple paroi, le chauffage est convectif et/ou par rampe radiante.

Ils doivent répondre aux exigences suivantes :

- Être facilement transportables donc de petit volume et de faible masse (40 à 80 kg) ;
- Permettre l'assistance en urgence de l'enfant transporté (assistance cardiorespiratoire) ;
- Avoir une possibilité d'alimentation multi-source intégrée (12 à 38 V - 99 à 264 V - 50/60/400 Hz) ;

17

- Avoir une autonomie de (15 à 45 min) pour l'alimentation électrique avec une batterie interne ;
- Limiter les interférences dues aux ondes électromagnétiques surtout pour le transport par avion ;
- Réduire les nuisances liées aux transports routier ou aérien (vibrations, bruits, chocs, accidents,...).

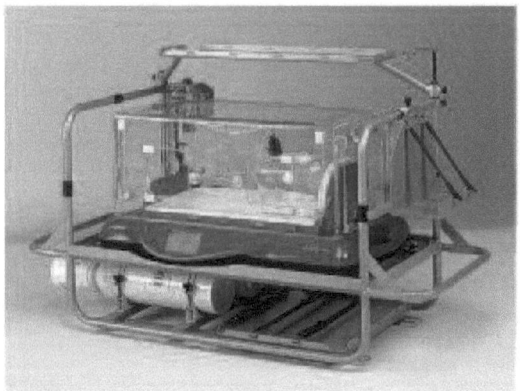

Figure 1.3 : Incubateur de transport (Version hélicoptère, Médipréma Tours, France).

1.2. Régulation thermique du nouveau-né

1.2.1. Thermoneutralité

La neutralité thermique est la zone de conditions thermohygromètriques la plus favorable pour optimiser le développement du nouveau-né. Elle se définit par une gamme de températures où l'organisme ne met pas jeu les mécanismes de lutte contre la chaleur ou le froid. Le métabolisme (mesuré par la consommation d'oxygène) est minimal et la régulation de la température interne se fait uniquement par mise en jeu de la vasomotricité qui est un mécanisme peu coûteux en énergie. Cette notion se distingue du confort thermique qui repose essentiellement sur un jugement thermo-sensoriel. Chez le nouveau-né, il est donc impossible de parler de confort thermique, seule la neutralité thermique peut être définie. Le tableau 1 présente la température d'air optimale des incubateurs en fonction de l'âge et du poids des prématurés selon Hey et Katz (1970). Ces auteurs ont, par exemple, estimé que pour un enfant prématuré de 2000 g de masse corporelle (34 semaines d'âge gestationnel), la température environnementale optimale est de 34 °C.

En 1966, Silverman et Agate ont montré que la plupart des enfants prématurés ne sont pas dans des conditions strictes de neutralité thermique à 34 °C de température d'air car leur consommation d'oxygène n'est jamais minimale. Une étude utilisant la calorimétrie directe (Ryser et Jéquier, 1972), montre que la zone de neutralité thermique serait comprise entre 34 et 36 °C de température d'air pour les enfants prématurés et de 32 °C pour les nouveau-nés à terme. Hey (1971) propose des abaques qui limitent une plage de températures d'air optimales pour laquelle les niveaux de métabolisme et de sudation sont minimaux.

Pour les nouveau-nés prématurés, la zone de neutralité thermique est difficile à définir car un environnement thermique neutre ne peut pas être uniquement caractérisé en terme de température de l'air. En effet, les échanges de chaleur entre la peau et l'environnement dépendent d'autres facteurs tels que l'humidité de l'air (Belgaumkar et al., 1975 ; Sauer et al., 1984), la vitesse d'écoulement de l'air (Clark et al., 1978 ; Stothers, 1980 ; Okken et al., 1982), le rayonnement thermique (Hammarlund et al., 1986), la posture et la vêture (Hey, 1970), l'âge et le poids corporel (Hammarlund et al., 1983 ; Bell et Rios., 1985 ; Hammarlund et al., 1986), le degré de maturation fonctionnelle (Telliez et al., 1997 ; Bach et al., 2000). Il est donc impossible de définir avec exactitude la thermoneutralité à partir d'une seule variable.

Tableau 1 : Température d'air (°C) de thermoneutralité en fonction de l'âge (jours, j) et de la masse corporelle (g) à la naissance chez le prématuré.

poids de l'enfant	température de l'incubateur en fonction de l'âge de l'enfant			
1000	< 10 j = 35 °C	> 10 j =34 °C	> 21 j =33 °C	> 35 j =32 °C
1500	< 10 j =34 °C	> 10 j =33 °C	> 28 j =32 °C	
2000	< 2 j = 34 °C	> 2 j = 32 °C	> 21 j = 32 °C	
2500	< 2 j = 33 °C	> 2 j = 32 °C		

1.2.2. Système thermorégulateur

En réponse à des contraintes thermiques, le nouveau-né est capable dès la naissance, de contrôler son homéothermie grâce à ses mécanismes thermorégulateurs (Dawkin et Scopes, 1965 ; Perlstein et al., 1974). Les réponses thermorégulatrices au froid comme au chaud, sont induites par des températures corporelles dont les niveaux et les variations sont détectés par des thermorécepteurs périphériques et centraux. Les voies nerveuses afférentes (spino-thalamiques) informent constamment le système nerveux central (hypothalamus) de l'état thermique de l'organisme. C'est un système comparable à un thermostat fonctionnant à partir d'une valeur de consigne. La différence entre les informations afférentes d'origine interne et cutanée, et la valeur de consigne hypothalamique génère un signal d'erreur. Selon la nature de ce dernier, son signe et son amplitude, les réponses thermorégulatrices au froid (signal d'erreur négatif) ou au chaud (signal d'erreur positif) sont activées par l'intermédiaire d'une information nerveuse efférente (voie thalamo-spinale) qui va agir sur les effecteurs périphériques de la thermorégulation.

A la chaleur, la vasodilatation des vaisseaux périphériques permet de refroidir le sang venant de l'intérieur du corps. Ce mécanisme thermolytique doit être complété par l'évaporation de la sueur secrétée par les glandes sudoripares et de l'eau de l'organisme (voies respiratoire et transcutanée) lorsque la contrainte thermique augmente.

Au froid, la vasoconstriction réduit les pertes de chaleur vers l'environnement en limitant le flux sanguin cutané, ce mécanisme est complété par une augmentation du métabolisme qui produit de la chaleur (thermogenèse) réchauffant l'organisme. Ce mécanisme représente un coût énergétique pour l'organisme, coût qui va limiter le gain de poids de l'enfant exposé au froid.

Le mécanisme de lutte contre la contrainte thermique par vasomotricité périphérique ne semble pas efficace dans les premiers jours de vie (Lyon et al., 1997).

1.3. Echanges thermiques entre le nouveau-né et son environnement

Quand une différence de température existe entre deux milieux, la chaleur s'écoule du milieu chaud vers le milieu froid, la différence de température disparaît progressivement.

Ce transfert de chaleur peut se faire, simultanément ou non, par trois modalités : la conduction, la convection, le rayonnement (Figure 1.4).

Dans ces trois cas, il y a transfert de chaleur avec changement de température mais sans changement d'état. Il existe une autre modalité d'échange de chaleur où l'un des deux milieux passe de l'état liquide à l'état vapeur (évaporation).

Chez les nouveau-nés ces quatre modes de transfert de chaleur modifient l'équilibre thermique « enfant-environnement » (Hull et al., 1978 ; Swyer, 1978 ; Darnall, 1987). Le bilan thermique entre le nouveau-né et son environnement peut être décrit par une équation qui est une expression du premier principe de thermodynamique :

$$S = M \pm R \pm C \pm K - E \qquad (1.1)$$

S : chaleur stockée ;

M : production de chaleur ;

R : échange de chaleur radiative ;

C : échange de chaleur par convection ;

K : échange de chaleur par conduction ;

E : perte de chaleur par évaporation.

Tous ces échanges qui sont exprimés en $W.m^{-2}$ dépendent de la direction du flux d'énergie et peuvent être positifs ou négatifs selon que la chaleur est transférée de l'environnement vers le nouveau-né (positif) ou de ce dernier vers l'environnement (négatif).

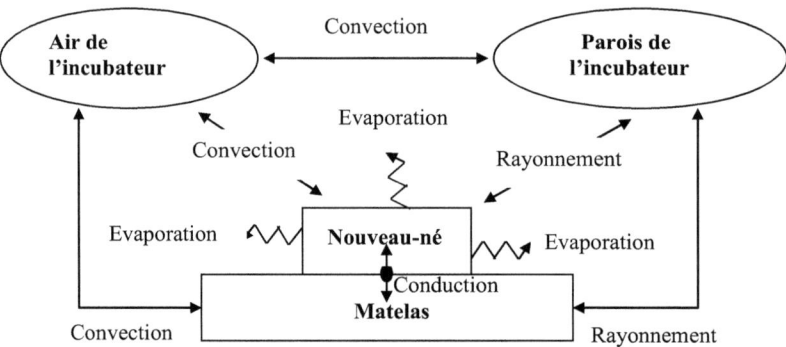

Figure 1.4: Modes de transfert de chaleur entre un nouveau-né placé dans un incubateur et son environnement

Pour maintenir constante la température interne de l'organisme, les pertes de chaleur du nouveau-né doivent être compensées par sa production de chaleur métabolique, le stockage de chaleur dans l'organisme est alors nul. Cette condition thermique représente un état homéotherme pour lequel la température interne de l'organisme reste pseudostationnaire, variant autour d'une valeur moyenne de 37 °C.

La stabilité de la température corporelle de l'enfant est déterminée par un ensemble de facteurs biologiques propres à son développement fonctionnel et qui agissent bien souvent sur la production de chaleur métabolique et sur ses échanges avec l'environnement par voie vasomotrice ou par les pertes d'eau. Les facteurs extrinsèques dépendants des lois physiques régissent les échanges énergétiques avec l'environnement. Le calcul des échanges de chaleur avec l'environnement est plus complexe car ceux-ci sont liés à des facteurs morphologiques dont l'influence est très difficile à évaluer chez le nouveau-né.

1.3.1. Conduction

La conduction est un échange de chaleur qui s'effectue dans un solide ou entre deux solides en contact l'un avec l'autre. La conduction transfère de l'énergie du corps le plus chaud vers le plus froid. Ce mode d'échange de chaleur tend vers une distribution homogène, au sein du milieu, de l'énergie cinétique moyenne des diverses particules par diffusion. Celle-ci se fait des zones où la valeur moyenne de cette énergie (c'est-à-dire la température) est élevée, vers les zones où elle est plus faible.

Ce mode de transfert est régi par l'équation fondamentale de Fourier (1822) :

$$\frac{dQ}{dt} = -\frac{\lambda_k}{e} d\vec{S} \frac{\partial \vec{T}}{\partial n} \qquad (1.2)$$

$\dfrac{dQ}{dt}$: flux d'énergie conductive, W ;

λ_k : conductivité thermique, W.m^{-1}.°C^{-1} ;

e : épaisseur du matériau, m ;

$d\vec{S}$: élément de surface, m² ;

$\dfrac{\partial \vec{T}}{\partial n}$: gradient de température, °C.

Le signe négatif caractérise le fait que le flux de chaleur a une orientation inverse du gradient de température.

Dans le cas du nouveau-né placé dans un incubateur, les échanges thermiques par conduction se font entre les tissus du noyau interne et ceux de la périphérie du corps (conduction de chaleur interne), mais également de cette dernière partie vers le matelas (conduction de chaleur externe)

1.3.1.1. Conduction interne

Le transfert de chaleur par conduction interne (K_i W) est exprimé par l'équation :

$$K_i = \lambda_t \, W_t \, \rho^{-1} \, A_D^{-1} \, (T_{noyau} - \overline{T}_{sk})\qquad (1.3)$$

λ_t : conductivité thermique des tissus, W.m^{-1}.°C^{-1} ;

W_t : masse du corps, kg ;

ρ : densité du tissu kg.m^{-3} ;

A_D : surface corporelle m² ;

T_{noyau} : température interne du noyau, °C ;

$\overline{T}_{sk}$: température cutanée moyenne, °C.

1.3.1.2. Conduction externe

L'échange de chaleur par conduction externe (K, W.m^{-2}) entre la surface cutanée du nouveau-né et le matelas est exprimé par l'équation :

$$K = \frac{\lambda}{e}(T_m - \overline{T}_{sk}) = h_k(T_m - \overline{T}_{sk})\qquad(1.4)$$

λ : conductivité thermique du matériel en contact avec la surface cutanée du nouveau-né, W.m^{-1}.°C^{-1} ;

e : épaisseur du matelas, m ;

T_m : température du matelas, °C ;

$\overline{T}_{sk}$: température cutanée moyenne, °C ;

h_k : coefficient de transfert de chaleur par conduction, W.m^{-2}.°C^{-1}.

Le coefficient de transfert de chaleur par conduction h_k a été estimé à 0,4 W.m^{-2}.°C^{-1} (Sarman et al., 1992) à l'aide d'un modèle mannequin thermique de la taille d'un prématuré de 1000 g. Hey et Katz (1970) ont montré que les pertes caloriques par conduction ne représentaient que 1 à 3 % des pertes totales de chaleur chez un nouveau-né de 1000 g de masse corporelle. Apédoh et al. (1999) utilisant un modèle mannequin simulant un nouveau-né prématuré de 3300 g, ont montré que l'échange de chaleur par conduction est faible 0,21 W, (4,5 à 7,9 % des pertes totales de chaleur sèche). Les pertes conductives, sont souvent considérées comme négligeables dans le bilan thermique de l'enfant (Stothers et Warmer, 1984 ; Leblanc, 1987). Mais d'un point de vue clinique, ceci reste controversé car lors d'hypothermie sévère, les échanges par conduction pourraient être un apport calorique intéressant pour réchauffer l'enfant grâce aux matelas chauffants (Lablanc, 1987 ; Sarman et al., 1989). La part réduite des échanges conductifs s'explique non seulement par l'écart de température de surface, entre la peau du nouveau-né et le matelas qui tend progressivement à s'annuler, mais aussi par la surface de contact entre le matelas et la surface cutanée qui ne représente que 10 % de la surface cutanée totale (Leblanc, 1987).

1.3.2. Convection

La convection est le transfert de chaleur entre un solide et un fluide ou entre deux fluides. Cette modalité proche de la précédente, est plus complexe. Le déplacement des molécules de fluide peut être dû aux différences de densité produites par les variations de température (convection libre ou naturelle) ou par une mobilisation forcée de ces molécules (convection forcée). On distinguera donc respectivement, la convection libre et la convection forcée.

Par analogie avec les phénomènes de transmission de chaleur par conduction, les échanges par convection entre un solide et un fluide se définissent de manière globale par une relation semblable à celle de Fourier :

$$C = h_c \, \Delta T \, A_c \qquad (1.5)$$

C : flux de chaleur échangé par convection, W ;

h_c : coefficient d'échange de chaleur par convection, $W.m^{-2}.°C^{-1}$;

ΔT : différence de température entre le fluide et le solide, °C ;

A_c : surface d'échange par convection, m^2.

La détermination de h_c reste complexe. En effet, ce coefficient dépend de nombreux facteurs spécifiques du solide, et/ou du fluide. Ce sont principalement la forme géométrique de la surface d'échange du solide, la vitesse relative de l'écoulement du fluide, et ses propriétés physiques.

Il existe une relation entre la conductivité thermique du fluide, λ et le coefficient de transfert par convection h_c, cela pour une surface de dimension géométrique donnée. Nusselt a regroupé ces trois variables sous forme d'un rapport adimensionnel (Nu) qui porte son nom :

$$Nu = h_c \cdot \frac{L}{\lambda} \qquad (1.6)$$

La détermination expérimentale de Nu permet de calculer h_c en utilisant l'équation (1.6).

Les relations existant entre Nu et d'autres paramètres ou d'autres nombres adimensionnels, varient selon que la convection est naturelle ou forcée :

En convection naturelle, les molécules du fluide se déplacent sous la seule influence des différences de densité créées par les modifications de température. Ce déplacement est fonction de la constante de gravitation g, de la viscosité cinématique du fluide v et de sa température absolue T. Ces trois paramètres définissent le nombre adimensionnel de Grashof,

Gr : $Gr = \dfrac{g}{v^2.T}$. Souvent représenté sous la forme : $Gr = \dfrac{g.\beta}{v^2}$

$\beta = \dfrac{1}{T}$ est appelé coefficient de dilatation volumique.

Dans le cas de la convection naturelle, le nombre de Nusselt dépend des caractéristiques d'écoulement est exprimé en fonction du nombre de Grashof :

$$Nu = a.Gr^m \qquad (1.7)$$

a et m sont des constantes.

Lorsque la convection est forcée, il existe une vitesse relative d'écoulement de l'air V_a entre la surface solide et le fluide. Dans ce cas, Nu est fonction du rapport adimensionnel $V_a.\dfrac{L}{v}$ appelé nombre de Reynolds et symbolisé par Re :

$$Nu = b.Re^n \qquad (1.8)$$

b et n sont des constantes.

L'ensemble des constantes a, m, b et n des équations 1.7 et 1.8 sont à définir expérimentalement.

1.3.2.1. Convection interne

Le transfert de chaleur par convection interne (C_i, W) qui s'effectue du noyau central du corps vers la périphérie se fait essentiellement par l'intermédiaire du vecteur sanguin. C'est un mode de transfert actif puisqu'il participe au maintien de l'homéothermie en contrôlant grâce à la vasomotricité les débits sanguins entre les différentes parties de l'organisme. Ce type de convection (C_i en W) est décrit par l'équation :

$$C_i = Q_s \, \rho_s \, C_s \, (T_{in} - \overline{T}_{sk}) \times 0{,}278 \qquad (1.9)$$

Q_s : débit sanguin, l.h^{-1} ;

ρ_s : masse volumique du sang, kg.l^{-1} ;

C_s : chaleur massique du sang, kJ.kg^{-1}.°C^{-1} ;

T_{in} : température interne, °C ;

$\overline{T}_{sk}$: température cutanée moyenne, °C.

kJ.h^{-1} = 0,278 W.

1.3.2.2. Convection externe

La chaleur convective est échangée par le mouvement de l'air ventilé à travers les voies aériennes supérieures et sur la surface cutanée de l'enfant.

La chaleur perdue par les voies respiratoires (C_{resp}, W) est exprimée par l'équation :

$$C_{res} = V_r \, c(T_e - T_i) \, \rho \times 0{,}278 \qquad (1.10)$$

V_r : débit ventilatoire, m^3.h^{-1} ;

c : chaleur massique de l'air, kJ.kg^{-1}.°C^{-1},

T_e : température de l'air expiré, °C ;

T_i : température de l'air inspiré, °C ;

ρ : masse volumique de l'air, kg.m^{-3}.

kJ.h^{-1} = $0{,}278$ W.

Le transfert de chaleur par convection (C, W) au niveau de la peau est dû aux mouvements de l'air circulant autour du nouveau-né. Ce transfert est exprimé par :

$$C = h_c \, A_c \, (T_a - \overline{T}_{sk})\qquad\qquad(1.11)$$

h_c : coefficient de transfert de chaleur par convection, W.m^{-2}.°C^{-1} ;

A_c : surface d'échange de chaleur par convection ;

T_a : température de l'air, °C ;

$\overline{T}_{sk}$: température cutanée moyenne, °C.

En pratique, le problème majeur est celui de la détermination de h_c dont la valeur dépend de plusieurs facteurs, parmi lesquels, la vitesse relative du déplacement de l'air par rapport au sujet et la forme géométrique des segments exposés aux échanges convectifs.

Deux méthodes de détermination de h_c sont possibles.

Aspect théorique de la mesure de h_c

Le coefficient de convection intervient au numérateur du nombre adimensionnel de Nusselt.

En convection naturelle, le nombre de Nusselt est fonction du nombre de Grashof : $Nu = a \, Gr^m$. En convection forcée, une relation peut être établie entre le nombre de Nusselt et le nombre de Reynolds : $Nu = b \, Re^n$.

Où a, m, b et n sont des constantes qui, une fois évaluées, permettent de calculer h_c. Cette détermination est souvent faite en thermocinétique afin de calculer les coefficients de convection de structures géométriques relativement simples exposées dans l'air : cylindre, sphères, etc...., un assez grand nombre de données sont aussi disponibles dans la littérature. En réduisant alors les différents segments corporels de l'organisme à un ensemble de structures simples, il devient possible de calculer différents coefficients de convection.

Ainsi, Gagge (1967) a assimilé l'organisme humain à un volume cylindrique dont le diamètre d, peut aller de 10 cm aux extrémités (les doigts étant exclus) jusqu'à 30 cm au niveau du tronc. Dans un domaine de vitesses relatives d'écoulement de l'air comprises entre 0,1 et 2 m.s^{-1}, le calcul de Re aboutit à des valeurs allant respectivement de 600 à 40000. Cet auteur a proposé l'équation suivante :

$$Nu = 0,33.Re^{0,55}$$

Comme $Nu = h_c \dfrac{d}{\lambda}$, il est possible de calculer h_c.

Ce type de détermination présente des inconvénients. Le corps ne peut être considéré comme formé de cylindres que dans des conditions précises telles que sujet en position debout ou couchée par exemple. Si le sujet est assis ou accroupi, cette assimilation est plus complexe et la méthode ci-dessus devient difficilement applicable.

Mesure expérimentale de h_c

On peut calculer h_c à partir de l'équation du flux de chaleur par convection

(1.11) selon l'équation :
$$h_c = \frac{C}{A_c\,(\overline{T}_{sk} - T_a)}$$

Il faut donc déterminer l'échange de chaleur convective (C). La limite essentielle de cette méthode est que la valeur de h_c calculée ne sera valable que dans les conditions expérimentales utilisées pour sa détermination.

1.3.2.2.1. Convection libre ou naturelle

La convection est qualifiée de libre ou naturelle si le mouvement de fluide est uniquement induit par des différences de températures des fluides en contact (ou solide-fluide). On considère que cela est le cas lorsque, la vitesse d'écoulement de l'air V_a est inférieure à 0,2 m.s^{-1}.

Pour un sujet adulte debout, le coefficient de transfert de chaleur par convection (h_c) est exprimé par l'équation suivante [*Norme ISO 7726-1985*] :

$$hc = 2,38 \left| T_a - \overline{T}_{sk} \right|^{0,25} \qquad (1.12)$$

$\overline{T}_{sk}$: température cutanée moyenne, °C ;

T_a : température de l'air, °C.

1.3.2.2.2. Convection forcée

Si le fluide est mis en mouvement par des forces extérieures (ex : ventilation) ou si le sujet est exposé au vent ou se déplace, la vitesse d'écoulement de l'air (V_a) peut être supérieure à 0,2 m.s^{-1}, la convection est dite forcée. Le coefficient de convection peut être calculé selon les équations définies par Missenard (1973) pour l'adulte :

$$h_c = 3,5 + 5,2 V_a \qquad V_a < 1\ m.s^{-1} \qquad (1.13)$$

$$h_c = 8,7 V_a^{0,6} \qquad V_a \geq 1 m.s^{-1} \qquad (1.14)$$

V_a : vitesse d'écoulement de l'air, m.s^{-1} ;

h_c : coefficient de transfert par convection, W.m^{-2}.°C^{-1}.

Le coefficient de convection varie selon le sens de l'écoulement de l'air par rapport à l'axe longitudinal du corps (Binnert et al., 1973).

En utilisant un mannequin thermique simulant les dimensions anthropométriques d'un nouveau-né à terme couché dans un incubateur fermé (BioMS C 2750), Apédoh et al. (1999) ont établi une relation entre h_c et la vitesse d'écoulement de l'air (écoulement parallèle à l'axe longitudinal du corps) :

$$h_c = 4,94 + 8,2 V_a^{0,72} \qquad 0 \leq V_a \leq 0,75 \qquad (1.15)$$

1.3.3. Radiation

La peau humaine, comme tous les objets, émet un rayonnement électromagnétique dont la valeur du spectre est déterminée par sa température. Selon les différentes longueurs d'onde, la répartition de l'énergie dépend de la nature du corps émetteur et de sa température. Lorsque celle-ci est inférieure à 500 °C, le rayonnement est exclusivement constitué de radiations infrarouges qui dépendent de la surface du corps exposée au rayonnement, de sa nature (émissivité), de sa température et de l'angle d'incidence du rayonnement. Dans le cas de l'incubateur, les températures des parois varient entre 20 et 40 °C et les échanges radiatifs se font entre la peau de l'enfant dont la température est supérieure à la température de rayonnement de l'enceinte.

Le rayonnement total émis (W) par le spectre de radiation est défini par la loi de Stephan-Boltzmann :

$$\Phi = \sigma A T^4 \qquad (1.16)$$

σ : constante de Stephan-Boltzmann = $5{,}67\ 10^{-8}$, $W.m^{-2}.K^{-4}$;

A : surface totale du corps, m^2 ;

T : température de surface du corps, en K.

L'équation générale qui détermine le transfert de chaleur entre le nouveau-né et son environnement lorsque les parois de l'incubateur sont opaques à l'infrarouge est :

$$\Phi = \frac{\varepsilon_1 \varepsilon_2 \sigma}{\pi} \left(\overline{T}_{sk}^{\,4} - \overline{T}_r^{\,4} \right) \oiint \frac{cos\theta_1\, cos\theta_2}{r^2}\, dA_1\, dA_2 \qquad (1.17)$$

Des essais avec la caméra infrarouge montrent que le plexiglas qui forme les parois des incubateurs est imperméable à l'infrarouge (Thermovision 550, AGEMA, Suède ; précision ± 2°C).

$\varepsilon_1, \varepsilon_2$: respectivement les coefficients d'émissivité de la peau et des parois ;

σ : constante de Stephan-Boltzmann, W.m^{-2}.K^{-4};

r : distance (dA$_1$, dA$_2$), m;

$\overline{T}_{sk}, \overline{T}_r$: respectivement températures cutanée moyenne et de rayonnement, K ;

dA_1, dA_2 : respectivement éléments de surface du nouveau-né et des parois, m^2 ;

θ_1 : angle entre la normale à dA$_1$ et la droite reliant (dA$_1$, dA$_2$), rad ;

θ_2 : angle entre la normale à dA$_2$ et la droite reliant (dA$_1$, dA$_2$), rad ;

Ou encore :

$$R = \sigma \varepsilon_{sk} \left[\left(\overline{T}_r + 273 \right)^4 - \left(\overline{T}_{sk} + 273 \right)^4 \right] \qquad (1.18)$$

ε_{sk} : coefficient d'émissivité de la peau (0,95 ± 0,05), sans dimension ;

$\overline{T}_{sk}$: température cutanée moyenne, °C ;

$\overline{T}_r$: température moyenne de rayonnement, °C .

R : échange de chaleur par rayonnement W.m^{-2}.

Si la différence entre la température moyenne de rayonnement et la température cutanée moyenne du nouveau-né est faible comme c'est souvent le cas dans les incubateurs, alors $\overline{T}_r^4 - \overline{T}_{sk}^4 = 4\overline{T}_{sk}^3 (\overline{T}_r - \overline{T}_{sk})$

Les variations de $\overline{T}_{sk}^3$ étant petites et $\overline{T}_{sk}$ constante, l'équation précédente peut alors s'écrire :

$$R = h_r (\overline{T}_{sk} - \overline{T}_r) A_r \qquad (1.19)$$

A_r : surface d'échange par rayonnement, m^2 ;

h_r : coefficient de transfert de chaleur par rayonnement, W.m^{-2}.°C^{-1}.

A la thermoneutralité, dans un environnement thermique uniforme (température d'air de l'incubateur à 34 °C), le transfert de chaleur par radiation représente 39

% des pertes calorique totales du corps mais augmente à 58 % si la température de l'air chute à 21 °C (Hey, 1970).

Les échanges de chaleur par radiation peuvent varier considérablement suivant l'emplacement des incubateurs dans la salle des soins.

1.3.3.1. Mesure des pertes radiatives et de la température moyenne de rayonnement

Pour mesurer les échanges radiatifs entre le corps et l'environnement, on peut utiliser les appareils suivants :

- le globe noir couramment utilisé en industrie, est une sphère creuse en cuivre de 15 cm de diamètre peinte en noir mat au centre de laquelle se trouve un capteur de température (type thermocouple ou thermistance). Cet appareil placé dans un incubateur est encombrant, il perturbe non seulement l'écoulement de l'air mais il rend difficile l'accès à l'enfant. De plus, son inertie de réponse importante ne permet pas une détermination rapide et précise de la température moyenne de rayonnement dans des régimes thermiques dynamiques courants dans les soins (ouvertures-fermetures des hublots ou portes des incubateurs et de l'habitacle). En outre la forme sphérique est éloignée de celle du corps humain et tend à surestimer les échanges thermiques radiants entre la tête, les pieds et les surfaces environnantes. Une forme ellipsoïdale serait donc préférable mais les dimensions de l'ellipsoïde restent à déterminer;

- Le radiomètre à deux sphères, constitué d'une sphère noire (absorbant le rayonnement infrarouge) et d'une sphère polie (réfléchissant le rayonnement infrarouge), présente les mêmes inconvénients pour le nouveau-né et le personnel que le globe noir.

Le principe de ce radiomètre consiste à chauffer à la même température les surfaces des deux sphères avec des puissances Q_p et Q_g, la différence de puissance de chauffe de ces deux éléments représente la perte radiative.

La mesure de la température des surfaces des parois de l'incubateur et du matelas permet également de calculer la température moyenne de rayonnement :

$$\overline{T}_r^4 = 2\alpha T_l^4 + \beta T_s^4 + \gamma T_{av}^4 + \delta T_{ar}^4 + \mu T_m^4 \qquad (1.20)$$

T_l : température de surface des parois latérales gauche et droite, °C ;

T_s : température de surface de la paroi supérieure, °C ;

T_{av} : température de surface de la paroi avant, °C ;

T_{ar} : température de surface de la paroi arrière, °C ;

T_m : température de la surface du matelas, °C .

$\alpha, \beta, \gamma, \delta, \mu$: facteurs de surface cutanée projetée sur les différentes parois (s.d), $2\alpha + \beta + \gamma + \delta + \mu = 1$.

La différence de température entre les parois d'un incubateur dépasse rarement 5 °C, la température de rayonnement peut donc être calculée à partir de l'équation :

$$\overline{T}_r = 2\alpha T_l + \beta T_s + \gamma T_{av} + \delta T_{ar} + \mu T_m \qquad (1.21)$$

La difficulté réside essentiellement dans le calcul de ces surfaces projetées α, β, γ, δ et μ.

Devant ces problèmes, la mesure de la température moyenne de rayonnement n'est jamais réalisée dans les incubateurs dont la régulation thermique se fait essentiellement à partir de la température de l'air circulant dans l'habitacle.

1.3.4. Evaporation

L'évaporation de la sueur excrétée sur la peau, celle de l'eau provenant des voies aériennes supérieures et diffusant à travers la peau permet d'éviter l'hyperthermie ; ce transport de chaleur étant toujours négatif pour l'organisme puisqu'il correspond à une perte.

A l'interface entre l'eau et l'air, il existe un échange continu de molécules d'eau qui se transforment de la phase liquide à la phase vapeur. Chaque molécule sous forme gazeuse emporte une certaine quantité de chaleur de la phase liquide. Ce passage est donc caractérisé par un transfert de masse associé à un transfert de chaleur. Les phénomènes évaporatoires présentent une analogie avec les phénomènes convectifs et les équations qui régissent ces deux modalités de transfert de chaleur sont proches les unes des autres.

Il est utile de rappeler quelques définitions concernant l'humidité de l'air qui conditionne l'évaporation de la sueur ou de l'eau sur la peau. Ces notions sont décrites en (annexe 5).

Le débit d'eau transférée de la phase liquide à la phase gazeuse, $\dot{m}_{H2O}$ (g.s^{-1}), est proportionnel à la différence des densités massiques d'eau de part et d'autre de l'interface, et à un coefficient de transfert de masse selon la relation :

$$\dot{m}_{H2o} = h_D \left(\rho_{H2O,s} - \rho_{H2O,a} \right) A_e \qquad (1.22)$$

h_D : coefficient de transfert de masse, m.s^{-1} ;

$\rho_{H2O,s}$: densité massique du côté liquide, g.m^{-3} ;

$\rho_{H2O,a}$: densité massique du côté aérien, g. m^{-3} ;

A_e : surface d'évaporation, m^2.

Pour passer de la phase liquide à la phase vapeur, 1 g d'eau nécessite 0,585 kcal ou 2,42 kJ de chaleur: c'est la chaleur latente de vaporisation L_v.

Si on considère, non plus la quantité d'eau transférée, mais le flux de l'énergie *(E, W)* c'est-à-dire la perte de chaleur pour la phase liquide, cela revient à multiplier les deux membres de l'équation (1.22) par L_v. On peut alors écrire :

$$E = \dot{m}_{H2O}.L_v = h_D.L_v.(\rho_{H2O,s} - \rho_{H2O,a}).A_e \qquad (1.23)$$

Si les différences de températures entre les deux phases sont faibles, et si le transfert ne modifie que peu la densité de l'air ambiant, on peut remplacer le concept de densité massique par le concept de pression partielle de vapeur d'eau car : $\rho = \dfrac{PM}{RT}$, où P est la pression, M est la masse molaire, T la température et R la constante des gaz parfaits, l'équation précédente devient alors :

$$E = \frac{h_D L_v M}{RT}.(P_{H2O,s} - P_{H2O,a}).A_e \qquad (1.24)$$

où $P_{H2O,s}$ est la pression partielle de la vapeur d'eau du côté liquide de l'interface, c'est-à-dire la pression de vapeur d'eau saturante à la température de surface, Pa ;

et $P_{H2O,a}$ est la pression partielle de la vapeur d'eau dans l'air ambiant, Pa.

Dans l'expression (1.24), la différence $(P_{H2O,s} - P_{H2O,a})$ représente la « force de transfert ».

Enfin, le coefficient composé $\dfrac{h_D L_v M}{RT}$ peut se définir comme le coefficient d'évaporation h_e. Il se mesure classiquement en $W.Pa^{-1}.m^{-2}$ ou en $W.mbar^{-1}.m^{-2}$. Il permet de mettre plus facilement en évidence l'analogie avec les échanges par convection. Sur le plan théorique, le problème majeur est la détermination de h_D puisque R, T M et L_v sont soit constantes, soit facilement calculables.

Relation entre h_e et h_c

L'étude de l'analogie entre évaporation et convection est intéressante en pratique car elle permet le calcul de h_c. Cette étude conduit à introduire trois nouveaux nombres adimensionnels, le nombre de Prandtl, Pr, le nombre de Sherwood, Sh, et le nombre de Schmidt, Sc qui se déterminent de la façon suivante:

$$Pr = \frac{\mu . c_p}{k} \quad , \quad Sh = \frac{h_D . L}{D_w} \quad \text{et} \quad Sc = \frac{\nu}{D_w}$$

où L est une dimension géométrique définissant la surface d'échange et D_w le coefficient de diffusion massique de la vapeur d'eau dans l'air ; μ est la viscosité cinématique du fluide (en poiseuille) et ν la viscosité dynamique $(\nu = \frac{\mu}{\rho})$; c_p est la chaleur spécifique (J.kg^{-1}.°C^{-1}).

Dans le cas où le nombre de Prandtl et le nombre de Schmidt relatifs à la phase gazeuse sont proches de l'unité et par conséquent proches également l'un de l'autre (cas de l'air), ce qui correspond à $c_{pa} . \mu = k$ et $\nu = D_w$, les nombres de Nusselt et de Scherwood sont alors égaux. Divisés tous deux par le nombre de Reynolds, on obtient :

$$\frac{Nu}{Re} = \frac{Sh}{Re}$$

Cela ne s'observe que dans la condition où $Pr = Sc = 1$, on démontre alors que :

$$h_D = \frac{h_c}{\rho_a . c_{pa}} . \frac{Pr}{Sc}$$

ou en simplifiant pour la raison évoquée ci-dessus :

$$h_D = \frac{h_c}{\rho_a . c_{pa}} \qquad (1.25)$$

où ρ_a et c_{pa} sont la densité et la chaleur spécifique relatives à l'air humide. Ce produit varie de 0,25 à 0,32 quand on passe de l'air sec à 0 °C à l'air humide saturé en vapeur d'eau à 50 °C. Cette équation est connue sous le nom de relation de Lewis (1922). Elle n'est cependant obtenue qu'après de nombreuses approximations. En 1967, Ede a montré qu'il était préférable d'utiliser la relation de Lewis ainsi modifiée :

$$h_D = \frac{h_c}{\rho_a.c_{pa}}.(\frac{P_r}{S_c})^{2/3} \qquad (1.26)$$

Cette relation est valable tant en régime permanent qu'en régime transitoire.

Si on raisonne en terme de coefficient d'évaporation, c'est-à-dire en terme d'énergie, on aboutit aux valeurs numériques suivantes :

$$h_e = 1,68.h_c \qquad (1.27)$$

h_c étant exprimé en $W.m^{-2}.°C^{-1}$, et h_e en $W.m^{-2}.mbar^{-1}$.

Cette relation est très importante en pratique. En effet si l'on connaît le coefficient de convection, il est possible de calculer très facilement le coefficient d'évaporation.

1.3.4.1. Evaporation par les voies respiratoires

Chez les nouveau-nés, les pertes évaporatoires par les voies aériennes supérieures (E_{resp}) sont évaluées à 25 % des pertes insensibles totales (Hey et Katz, 1969). Elles diminuent avec l'âge gestationnel et postnatal (Hey et Katz, 1969 ; Sedin et al., 1985). Ces pertes sont proportionnelles au débit ventilatoire ($\dot{V}$, $m^3.h^{-1}$), à la différence de masse de vapeur d'eau par kilogramme d'air (M_e-M_i, $kg.m^{-3}$), entre l'air expiré (Me) et inspiré (Mi) et, à la chaleur latente de vaporisation de l'eau (L_v, $kJ.kg^{-1}$) :

$$E_{res} = \dot{V}.L_v.(M_e - M_i) \qquad (1.28)$$

1.3.4.2. Evaporation cutanée

1.3.4.2.1. Perspiration insensible transcutanée

Les pertes évaporatoires transcutanées ou perspiration insensible (*TEWL : Trans Epidermal Water Loss, g.h^{-1}.m^{-2}*), sont dues à une diffusion passive et permanente de l'eau à travers l'épiderme. Elles modifient de façon importante le bilan thermique et hydrominéral du nouveau-né. Selon Hammarlund et al. (1977) elles sont égales à :

$$TEWL = \sum_{i=1}^{18} ER_i \frac{Area_i}{BSA} \qquad (1.29)$$

ER_i : évaporation locale mesurée à partir de 18 sites corporels, g.h^{-1}.m^{-2} ;
$Area_i$: surface cutanée de chaque site corporel, m^2 ;
BSA : surface corporelle (m^2) calculée à partir de la formule de Dubois :

$$BSA = 0,2157 W_t^{0,425} H^{0,725} \qquad (1.30)$$

W_t : masse corporelle, kg ;
H : taille du nouveau-né, m.

Chez les nouveau-nés, les pertes évaporatoires transcutanées dépendent de l'âge gestationnel, de l'âge postnatal et du poids de naissance. Ces pertes vont également dépendre de facteurs

physiques de l'ambiance comme la température et l'humidité de l'air ainsi que de la vitesse d'écoulement de l'air. Elles sont 15 fois supérieures chez les enfants nés après 25 semaines de gestation par rapport aux enfants nés à terme (Brück, 1962 ; Silverman et al., 1966).

1.3.4.2.2. Pertes d'eau sensibles ou sudation

La perte d'eau sensible par évaporation de la sueur (E, W.m^{-2}), est un phénomène actif de sécrétion puis d'excrétion de la sueur sur la peau. Ce mécanisme sudoral s'effectue par les glandes sudorales. C'est le principal moyen de lutte contre la contrainte thermique chaude chez l'homme car c'est le seul mécanisme efficace de refroidissement corporel lorsque les températures de l'air et de rayonnement deviennent supérieures à celle de la surface cutanée. Les pertes de chaleur évaporatoire sont égales à :

$$E = h_e \frac{A_e}{A_D} (P_{s,H2O} - P_{a,H2O}) \qquad (1.31)$$

h_e : coefficient de transfert de chaleur par évaporation, $W.m^{-2}.mbar^{-1}$;

$\frac{A_e}{A_D}$: rapport entre la surface mouillée et la surface cutanée totale ou mouillure, % ;

$P_{s,H2O}$-$P_{a,H2O}$: différence de pression partielle de vapeur d'eau entre la peau ($P_{s,H2O}$) et l'air ($P_{a,H2O}$), mbar.

Le coefficient de chaleur par évaporation (h_e), est linéairement corrélé au coefficient de convection par la relation de Lewis (1922) (h_e/h_c = 1,68 °C.mbar^{-1}). L'équation (1.31) peut alors s'écrire :

$$E = 1,68 h_c \frac{A_e}{A_D} (P_{s,H2O} - P_{a,H2O}) \qquad (1.32)$$

Les pertes d'eau par voie sudorale sont très faibles chez le nouveau-né prématuré. Les capacités à déclencher une sudation active dépendent de l'âge gestationnel (Day, 1943). Les enfants nés 3 semaines avant terme ont des capacités moindres que ceux nés à terme. Les enfants nés avant 31 semaines n'ont pas de sudation active (Hey et Katz, 1969), les glandes sudoripares ne sont pas matures avant le troisième trimestre de gestation (Nessmann and Baverel, 1972).

Lorsque la mouillure de la peau est complète (100 % de la surface cutanée mouillée, $\frac{A_e}{A_D} = 1$) on définit l'évaporation maximale permise par l'ambiance :

$$E = 1,68 h_c (P_{s,H2O} - P_{a,H2O}) \qquad (1.33)$$

1.4. Isolement thermique

L'isolation thermique du nouveau-né par la vêture modifie les échanges de chaleur et par conséquent la zone de neutralité thermique (Hey et Katz, 1970). Hull (1976) estime que celle-ci est comprise entre 30 et 31 °C de température d'air pour un nouveau-né vêtu alors qu'elle est de 33 à 34 °C lorsqu'il est nu.

La résistance thermique globale aux transferts de chaleur sèche entre la peau et l'environnement inclut la résistance du tissu et de la couche d'air comprise entre la peau et la surface interne du vêtement ainsi que celle de la couche d'air au dessus du vêtement. La résistance thermique vestimentaire est exprimée en $(m^2.°C.W^{-1})$ ou, en utilisant, une unité internationale en clo (1 clo = 0,155 $m^2.°C.W^{-1}$).

Compte tenu de la structure tissée des vêtements, les échanges thermiques entre la peau et l'environnement (figure 1.5) se composent de trois flux :

- le flux échangé entre l'ambiance et la couche de vêtements ;
- le flux échangé entre l'ambiance et la peau, à travers le vêtement et par les ouvertures ;
- le flux échangé entre la surface cutanée et le vêtement.

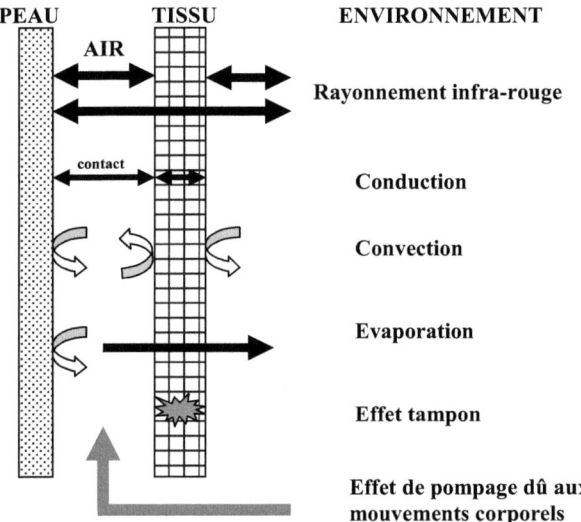

Figure 1.5 : Transferts de chaleur sur une peau couverte par un tissu (Thèse Elabbassi, 2003).

Selon la norme internationale *ISO 9920 : 1995*, l'isolement thermique d'une tenue vestimentaire (résistance à la perte de chaleur du corps) est exprimé par l'isolement thermique intrinsèque du vêtement (I_{cl}, $m^2.°C.W^{-1}$) :

$$I_{cl} = \frac{\overline{T}_{sk} - \overline{T}_{cl}}{H} \qquad (1.34)$$

H : perte de chaleur sèche, $W.m^{-2}$;

$\overline{T}_{sk}$: température cutanée moyenne, °C ;

$\overline{T}_{cl}$: température moyenne de surface du sujet habillé, °C.

Nishi et Gagge (1970) ont exprimé un facteur de réduction (F_{cl}, sans dimension) concernant les échanges de chaleur sèche (conduction, convection et rayonnement) pour les vêtements en coton par la formule :

$$F_{cl} = \frac{1}{1 + (h_c + h_r)\, I_{cl}} \qquad (1.35)$$

Oohori et al., 1984, ont exprimé un facteur de réduction pour les échanges de chaleur latente ($F_{p,cl}$, sans dimension) :

$$F_{p,cl} = \frac{1}{1 + 0{,}344\, h_c\, I_{cl}} \qquad (1.36)$$

Ces deux facteurs réduisent l'ensemble des échanges thermiques de la manière suivante :

Echanges de chaleur sèche

Rayonnement (R, W) :

$$R = h_r\, A_r\, (\overline{T}_r - \overline{T}_{sk})\, F_{cl} \qquad (1.37)$$

Convection (C, W) :

$$C = h_c\, A_c\, (T_a - \overline{T}_{sk})\, F_{cl} \qquad (1.38)$$

Echange de chaleur latente

Evaporation (E, W) :

$$E = h_e\, A_w\, (P_{H2Os} - P_{H2Oa})\, F_{pcl} \qquad (1.39)$$

1.5. Mannequins thermiques utilisés dans la littérature

Des études sur les échanges thermiques ont été réalisées sur des mannequins simulant la morphologie d'un adulte (Belding, 1949 ; Wissler, 1970 ; Binnert et al., 1973 ;Goldman, 1983 ; McCullough et al., 1983 ; Wyon, 1989 ; Tanabe, 1994). Holmér (2004) a donné l'historique de développement des mannequins thermiques entre 1945 et 2003, mais une extrapolation des résultats au nouveau-né peut conduire à des erreurs en raison du rapport surface/masse corporelle plus élevé chez l'enfant de la morphologie corporelle et de températures cutanées locales différentes de celles de l'adulte. Pour pouvoir déterminer ces pertes, certains auteurs ont conçu des modèles permettant de simuler les échanges thermiques de l'enfant nouveau-né.

Wheldon (1982) fut le premier à concevoir un mannequin ayant les dimensions du nouveau-né. Ce mannequin en cuivre est composé de six parties de forme géométriques très simples :

- une tête de forme sphérique ;
- un tronc de forme cylindrique ;
- deux membres supérieurs et deux membres inférieurs de formes cylindriques reliés au tronc par des joints de polystyrène.

Dans sa conception, Wheldon n'a pas tenu compte des angles de courbure du corps ni considéré les détails anatomiques notamment les oreilles, les doigts, et les petites parties du corps. Non seulement le mannequin de Wheldon ne représente pas les rayons de courbure réels d'un enfant mais l'utilisation des joints de polystyrène ne permet pas la mise en évidence des échanges de chaleur entre les différents membres corporels. Ce mannequin est chauffé à une température uniforme sur l'ensemble de sa surface, ce qui ne tient pas compte de l'hétérogénéité des températures des différents segments corporels comme c'est le cas chez le nouveau-né. A partir de ce mannequin, Wheldon détermine les coefficients de transfert de chaleur par convection et par radiation.

En 1988, Ultman et al. ont déterminé les échanges de chaleur entre un enfant et son environnement en utilisant un ellipsoïde en cuivre de 10,9 cm de diamètre chauffé par des composants électriques pour simuler la production de chaleur par l'organisme.

Ces auteurs expliquent le choix de l'ellipsoïde par le fait que sa forme pourrait être comparable à celle du corps humain et aussi du fait de sa symétrie. Ils déterminent ainsi dans trois incubateurs différents, la température de rayonnement et le coefficient de transfert par convection et rayonnement pour des températures d'air circulant dans l'habitacle comprises entre 32 et 36 °C.

Cette mesure des températures de rayonnement et surtout du coefficient de transfert par convection à l'aide d'un ellipsoïde pourrait être fausse car les pertes de chaleur du nouveau-né dépendent de sa forme et aussi des rayons de courbure qui augmentent les transferts caloriques (Darnall, 1987).

En 1992, Sarman et al., ont réalisé un mannequin en plastique de 1000 g de masse corporelle qui a la forme réelle d'un nouveau-né. Mais la régulation en température de ce mannequin ne tient pas compte de l'hétérogénéité thermique du corps humain. Il est en effet régulé à une température constante de 36,5 °C sur l'ensemble de sa surface ce qui n'est pas représentatif du nouveau-né dont la température cutanée diffère considérablement d'un segment corporel à l'autre.

Frankenberger et al. (1998) ont développé un mannequin thermique simulant un nouveau-né grand prématuré de 530 g de poids de naissance ayant une surface cutanée de 584,4 cm^2 capable de simuler les pertes de chaleur sèche et évaporatoire. Ce mannequin est constitué d'une coque poreuse d'argile, divisée en six compartiments chauffés séparément. Des sacs en Gore-Tex remplis d'eau sont en contact direct avec la coque pour simuler les pertes évaporatoires qui sont maximales puisque la mouillure de surface est égale à 100 % ce qui n'est le cas que dans les environnements thermiques extrêmes rarement rencontrés dans les incubateurs d'élevage. En outre, l'argile est un mauvais conducteur de chaleur, ce qui crée une hétérogénéité des températures de surface du mannequin difficile à contrôler.

Dans notre unité, *Apédoh et al.* (1999) ont conçu et développé un mannequin thermique basé sur les proportions d'un véritable nouveau-né de 1400 g de poids de naissance et d'une surface totale de 1500 cm^2. Les six segments corporels sont chauffés par des résistances électriques placées à l'intérieur de chaque segment ce qui permet d'atteindre des températures de surface différentes respectant l'hétérogénéité thermique du corps du nouveau-né. Ce mannequin permet de simuler les échanges de chaleur sèche qui sont particulièrement importants pour un nouveau-né de ces dimensions. Ce modèle ne permet cependant pas de simuler les pertes de chaleur évaporatoire.

Notre travail de thèse avait pour but de simuler l'ensemble des pertes de chaleur et en particulier les pertes d'eau transcutanées par un mannequin thermique représentant un nouveau-né prématuré de 900 g. les pertes latentes sont particulièrement importantes chez ces enfants notamment à la naissance et dans les premiers jours de vie ce qui compromet leur survie. Il s'agissait donc de concevoir un mannequin en cuivre avec une surface à partir de laquelle il était possible de simuler une évaporation de l'eau à des valeurs proches de celles rencontrées dans la réalité en site clinique.

CONCEPTION DE LA PLATE FORME EXPERIMENTALE

2. Plate forme expérimentale

2.1. Principe de chauffage du mannequin

Les températures de surface des segments du mannequin sont régulées à des valeurs de consigne fixes différentes d'un membre à l'autre. Pour cela, nous avons choisi le mode de régulation PID qui exploite toutes les possibilités des actions Proportionnelle (P), Intégrale (I), et Dérivée (D).

Pour calculer la température de surface moyenne de chaque segment corporel, plusieurs capteurs sont collés sur chacun des membres (figure 2.4). Deux thermistances sont placées sur chaque membre supérieur et chaque membre inférieur ; huit sont placées sur la tête et six sur le tronc. La température de chaque segment du mannequin est obtenue par la moyenne arithmétique des températures mesurées par les thermistances placées sur chaque membre.

Les températures de consigne de surface des différents segments du mannequin sont fixées de la manière suivante : tête à 36,4 °C, tronc à 36,6 °C, membres inférieurs à 35,5 °C, membres supérieurs à 33,3 °C.

La température de surface moyenne du mannequin est obtenue par la moyenne pondérée à partir de la surface de chaque segment corporel :

$$\overline{T}_s = 0,23T_{tr} + 0,28T_{te} + 0,15T_{jd} + 0,15T_{jg} + 0,095T_{bd} + 0,095T_{bg} \qquad (2.1)$$

$T_{tr}, T_{te}, T_{jd}, T_{jg}, T_{bd}, T_{bg}$: respectivement les températures du tronc, de la tête, du membre inférieur droit, du membre inférieur gauche, du membre supérieur droit et du membre supérieur gauche, °C.

Ces consignes de températures de surface sont celles mesurées au Centre Hospitalier Universitaire Nord d'Amiens sur des nouveau-nés prématurés présents dans le service de néonatologie.

Comme les différents segments corporels du nouveau-né ont des températures de surface différentes, chacune des six parties du mannequin possède un système de chauffe indépendant. Les membres supérieurs sont chauffés par des films

49

chauffants (résistance = 38,3 Ω, tension de 24 V), alors que les autres segments sont chauffés par des cordons chauffants (résistance = 672 Ω sous une tension de 220 V). Cette configuration permet d'insérer pour toutes les parties du corps des relais statiques individuels dans le but de contrôler la régulation en température de chaque segment indépendamment les uns des autres.

Les éléments chauffants sont collés sur la paroi interne de chaque segment pour une diffusion rapide de la chaleur et une bonne homogénéité de la température de la surface de chaque membre.

Le contrôle du chauffage du mannequin peut se faire par modulation du temps de chauffe ou par modulation en amplitude de la sinusoïde. Dans notre étude, on module le temps de chauffe ce qui limite l'inertie de réponse et permet d'avoir une régulation très précise. Une carte électronique de génération de signaux triangulaires permet de moduler ce temps de chauffe. Le schéma de principe de cette modulation est présenté sur la figure 2.1.

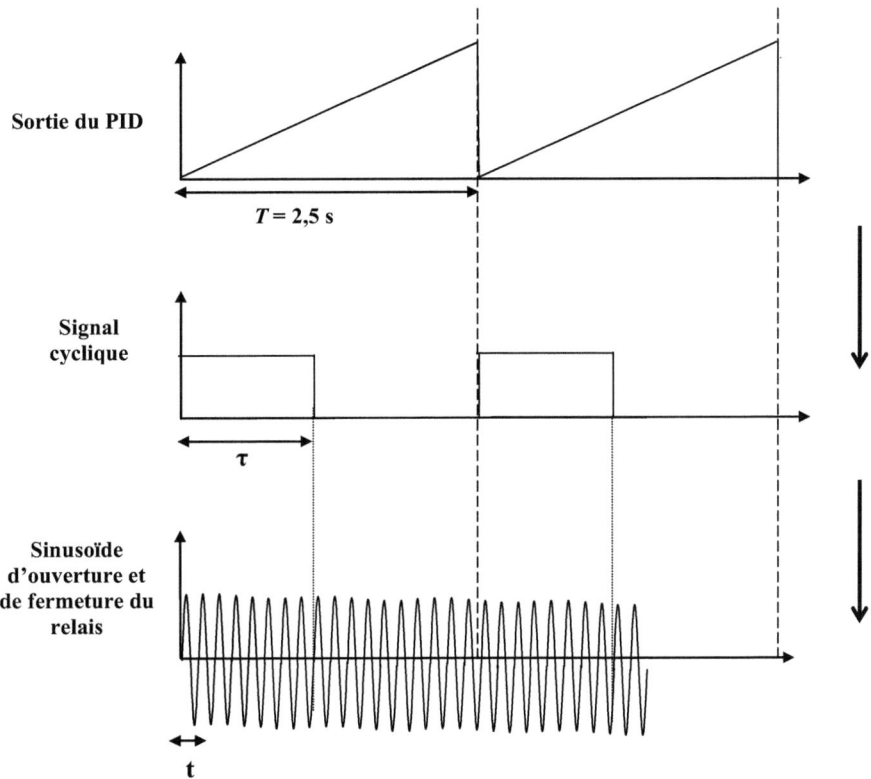

Figure 2.1 : Modulation par le relais T : période du signal comparateur ; τ : durée de chauffe ; t : période secteur 20 ms).

La chaleur dissipée aux bornes de chaque résistance est calculée par l'équation :

$$P = \frac{1}{T} \int_0^\tau UI \, sin(\omega t) \, dt \qquad\qquad (2.2)$$

$$\Rightarrow \quad P = \frac{U^2}{RT} \int_0^\tau sin^2(\omega t) \, dt = \frac{U^2}{RT} \int_0^\tau \frac{1 - cos(2\omega t)}{2} \, dt = \frac{U^2}{2RT} \left[t - \frac{sin(2\omega t)}{2\omega} \right]_0^\tau \qquad (2.3)$$

T : période, s ;

$\omega = 2\pi f$ avec f : fréquence = 50 Hz ;

U : tension du secteur = 220 V ;

τ : durée de chauffe, s ;

t : période secteur = 20 ms ;

R : résistance, Ω.

2.1.1. Détermination de la durée de chauffe

Le temps de chauffe est contrôlé par une carte de modulation placée entre les commandes venant du régulateur et les relais transmettant la chauffe aux différents segments du mannequin.

Le signal triangulaire a une amplitude comprise entre 0 et 5 V et une période T de chauffe de 2,5 sec spécifique à l'utilisation des relais statiques asynchrones dont les caractéristiques d'ouverture et de fermeture se font au passage de la tension secteur (220 V ; 50 Hz) par 0.

Le signal de sortie du régulateur est comparé au signal triangulaire délivré par l'ordinateur. Si la commande de chauffe est inférieure à zéro, le temps de chauffe τ est nul. Si cette commande est supérieure à la valeur maximale 5 V, le temps de chauffe τ est égal à la période de chauffe (T = 2,5 s, et la commande de chauffe est permanente). Par contre, si la commande est comprise entre 0 et la valeur maximale de l'amplitude du signal du comparateur (5 V), le temps de chauffe τ est déterminé par une règle de trois qui calcule un temps compris entre 0 et 2,5 sec. La puissance de chauffe peut donc être calculée de la manière suivante :

$$P = P_{max} \frac{\tau}{T} \qquad (2.4)$$

P_{max} : puissance de chauffe maximale, W.

2.1.2. Matériel d'acquisition et de traitement

La conception du mannequin nécessite un matériel adapté à la complexité du système due à l'indépendance de la régulation des différents segments corporels. Le matériel a été choisi pour répondre aux exigences de la manipulation et aux buts de l'expérience. Nous disposons pour cela de :

- six relais statiques ;
- un convertisseur Numérique-Analogique DDA06 ;
- un convertisseur Analogique- Numérique DAS 1802;
- un ordinateur ;
- une carte électronique de modulation de chauffe.

2.1.3. Convertisseur Analogique Numérique.

Les valeurs mesurées à partir des thermistances sont converties en tension et transmis à une carte de conversion Analogique Numérique « Keithley Metrabyte DAS 1802 »intégrée dans un ordinateur pour être traitées par un logiciel de contrôle commande assurant les régulations.

2.1.4. Le micro-ordinateur.

Pour piloter les instruments de la centrale de mesure, le logiciel Labtech Control Pro Software dispose de boites à outils qui représentent des fonctions, des écrans présentant des courbes ou des interfaces d'entrée/sortie. Celles-ci se relient entre elles, ce qui permet de construire des simulations de systèmes dynamiques ainsi que des programmes de contrôle en temps réel de ces systèmes. Ce logiciel contient également les cartes pilotes précédemment citées.

2.1.5. Convertisseur Numérique Analogique

La commande de chauffe qui résulte du régulateur est de type numérique. Elle est transformée en valeur analogique par une carte de conversion numérique analogique « Keithley Métrabyte de type DDA 06 ».

Les relais statiques asynchrones répondent uniquement à deux ordres de fonctionnement, ouverture et fermeture, lorsqu'une tension continue (0 Volt pour l'ouverture, 4-30 Volts pour la fermeture) est appliquée aux bornes d'entrées. L'intérêt de ces relais est d'isoler les appareils de commande (ordinateur,…) des appareils de puissance (résistances…) et de permettre une commande séparée des différentes parties du mannequin.

Le signal de commande des régulateurs étant une valeur proportionnelle à l'erreur et comprise entre 0 et 10 Volts, il est donc converti en signal carré à rapport cyclique variable. Ce dernier est obtenu en comparant le signal de commande de chauffe délivré par la carte de conversion Numérique Analogique avec un signal en dent de scie délivré par un fichier stocké sur l'ordinateur réalisé par la carte commande. Le fichier étant numérique, il est converti en analogique par une voie de conversion numérique analogique de la carte « DAS 1802 »

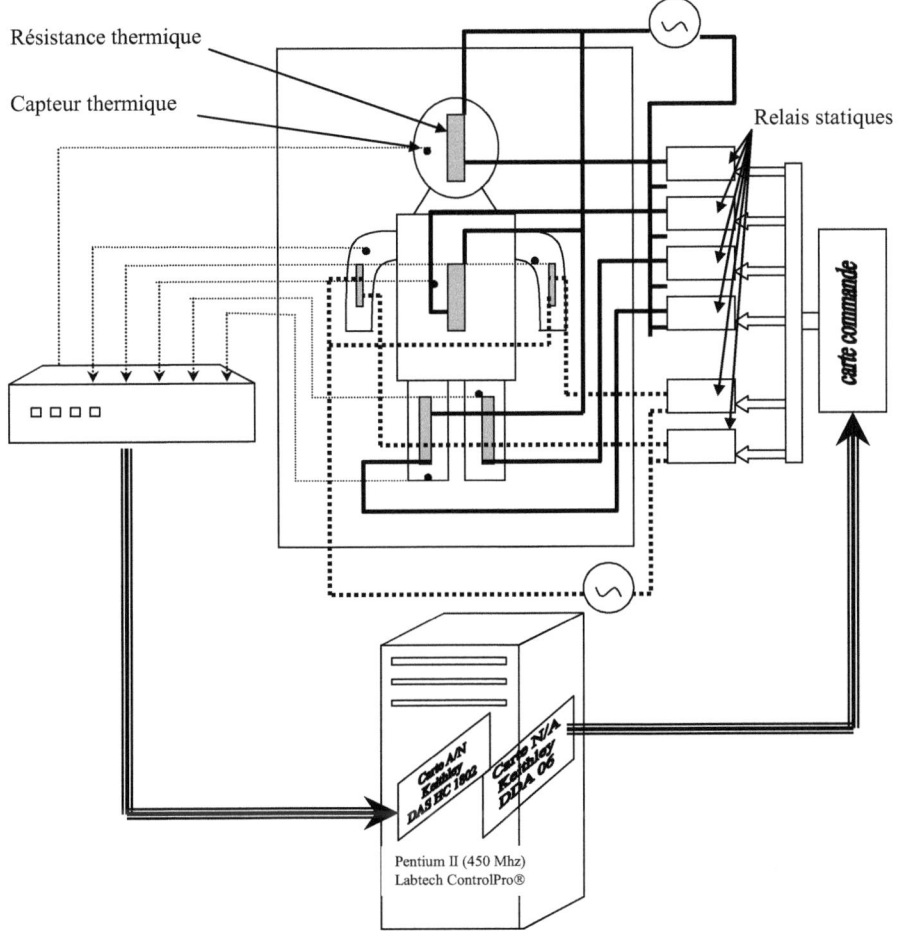

Résistance thermique

Capteur thermique

Relais statiques

carte commande

Carte A/N
Keithley
DAS HC 1802

Carte N/A
Keithley
DDA 06

Pentium II (450 Mhz)
Labtech ControlPro®

Figure 2.2 : Chaîne de régulation

2.1.6. Incubateur utilisé dans notre étude

Dans cette étude nous utilisons un incubateur fermé (*ISIS*, Médipréma, Tours, France) à chauffage convectif (figure 2.3). L'air circulant à l'intérieur de l'incubateur est propulsé par des ventilateurs et chauffé par passage sur des résistances chauffantes. La température de l'air est fixée et contrôlée à partir d'une valeur de consigne choisie par l'utilisateur et selon deux positions d'asservissement, par sondes de température de l'air ou de température cutanée.

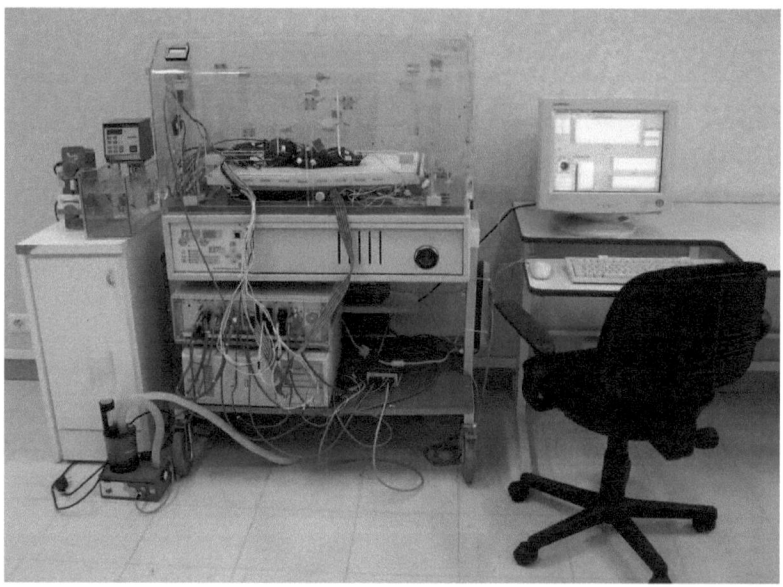

Figure 2.3 : Plate-forme expérimentale

2.1.7. Contrôle du niveau d'humidité

L'humidité est généralement produite de façon passive par évaporation de l'eau contenue dans un bac incorporé dans le circuit d'air chaud. Avec ce système, les niveaux d'humidité obtenus varient fortement, en fonction de l'humidité de l'air de la pièce dans laquelle se trouve l'incubateur, particulièrement lorsque la température de l'air circulant dans l'incubateur fluctue. L'humidité de l'air dans l'incubateur est également influencée par les pertes hydriques du nouveau-né (Sauer et al., 1984).

Grâce à un nébuliseur à ultrasons, *Freitas de* Amorim et al. (1995) ont conçu un système de production active de vapeur d'eau à température ambiante (type LS light : SYST'AM, Le Ledat, France, 2 MHz vibration frequency). Ce système utilisé dans notre étude permet de contrôler le niveau d'humidité au cours du temps, malgré les éventuelles variations de température d'air dues en particulier à l'ouverture des portes de l'incubateur. L'humidité de l'air est ainsi contrôlée grâce à un capteur basé sur un principe résistif [RHU 207, General Eastern, Mulhouse, France] entre 30 et 90 % pour des températures d'air variant entre 30 et 39 °C dans l'incubateur.

2.1.8. Température de l'air circulant dans l'incubateur

La température de l'air (T_a) est mesurée à environ 10 cm au dessus du centre du matelas, selon les recommandations des normes internationales à l'aide d'une thermistance de type CTN Siemens, protégée du rayonnement thermique par un tube ouvert aux deux extrémités permettant la ventilation du capteur. La position du capteur de mesure de la température de l'air dans les incubateurs reste controversée. En effet il existe une large hétérogénéité thermique spatiale. Aynsley-Green et al. (1975) ont montré que durant les cycles de régulation thermique, la zone la plus froide se situait dans un plan à 3 cm au-dessus du matelas alors que la zone la plus chaude était à 7 cm sous la paroi supérieure.

2.1.9. Température de surface du matelas

La température de surface du matelas est mesurée à l'aide d'une thermistance CTN Siemens collée sur la face externe du matelas située directement en dessous du tronc du mannequin. Pour éviter le transfert de chaleur radiative du mannequin sur le capteur, la sonde est protégée par un isolant réfléchissant en aluminium.

2.2. Conception du mannequin

Le mannequin utilisé dans cette étude est représenté sur la figure 2.4. Il simule la forme d'un nouveau-né prématuré de 900 g de poids de naissance. Il tient compte des angles et des courbures des différents segments corporels d'un nouveau-né. Ainsi, il comporte une tête sphérique sur laquelle on peut distinguer le nez, les oreilles, la bouche, la place réservée pour les yeux ; un tronc sphérique ; deux membres supérieurs cylindriques qui mettent en évidence les avant-bras, les bras et les angles au niveau des coudes, et qui comportent des doigts ; deux membres inférieurs sur lesquels on distingue les cuisses, les jambes et les genoux et qui se terminent par les orteils. Le mannequin a une surface totale de 0,086 m^2.

Le modèle a été conçu en cuivre peint en noir mat dont le coefficient d'émissivité *($\varepsilon = 0,97$)* est proche de celui de la peau humaine *($\varepsilon = 0,96$ à $0,97$)* dans la gamme du rayonnement infrarouge où les longueurs d'ondes sont comprises entre 1 μm et 1 mm.

Le mannequin se comporte donc comme un corps noir qui en tous points de sa surface et pour des rayonnements de longueurs d'onde et de directions quelconques présente un facteur d'absorption totale proche de l'unité. Il absorbe ainsi pratiquement la totalité du flux d'énergie incident, comme la peau humaine dans le domaine de l'infrarouge, quelle que soit sa couleur. Ceci n'est pas tout à fait exact dans le domaine du visible où une partie du rayonnement est réfléchie.

Il permet aussi comme les modèles classiques de déterminer les échanges de chaleur sèche.

Utilisé à cet effet, il a permis d'effectuer des mesures comparatives des coefficients d'échange de chaleur radiatifs et convectifs avec le modèle simulant un nouveau-né de 1400 g (Elabbassi et al., 2004).

Pour simuler les pertes d'eau transcutanées, le premier principe retenu pour humidifier la surface du mannequin était de concevoir une double paroi à l'intérieur de laquelle l'eau pouvait être stockée et circuler sous forme de nébulisat. Ceci relève de techniques couramment utilisées dans la littérature pour simuler les pertes hydriques. La paroi externe a été percée afin de permettre la sortie des gouttelettes d'eau sur la surface du mannequin qui est couverte par un tissu en coton de couleur grise de manière à avoir une répartition homogène de liquide sur l'ensemble de la surface.

Malheureusement les premiers essais sur ce système ont montré qu'il ne permettait pas de contrôler la masse d'eau injectée dans chaque membre. De plus la répartition de l'eau sur le coton n'était pas homogène. L'eau injectée dans la double paroi restait stockée dans la partie inférieure de chaque segment et s'accumulait sur le matelas où reposait le modèle. La partie inférieure de chaque segment était alors très humide alors que la partie supérieure ne se mouillait que progressivement par capillarité. Ces différents problèmes associés à la difficulté de fabriquer une paroi double nous ont fait abandonner ce concept pour concevoir un modèle à mouillure externe.

Ce nouveau modèle est recouvert par un tissu en coton. Deux pompes péristaltiques (Pompe MS-CA 4 cassettes, B32089, 40 tr/min) et (Pompe Mini-S 3 canaux, B32067, 40 tr/min) «Annexe 2» permettent de transférer de l'eau vers le modèle à partir d'un bain thermostaté qui maintient l'eau à une température proche de celle de la surface du mannequin, avec un niveau élevé de stabilité de vitesse et un niveau bas de pulsation. Chaque pompe se compose d'un rotor avec des roues qui compriment six tuyaux flexibles afin de pousser l'eau vers les six membres du mannequin pour obtenir une diffusion homogène sur l'ensemble de la surface. Les six tuyaux sont percés par une ouverture à chaque extrémité afin d'excréter l'eau sous la surface du coton.

Chaque segment corporel reçoit un débit d'eau en fonction de sa surface en changeant le diamètre des tuyaux. Par une modification du temps d'injection on peut fixer la mouillure sur chaque membre et réaliser ainsi une hétérogénéité de mouillure cutanée.

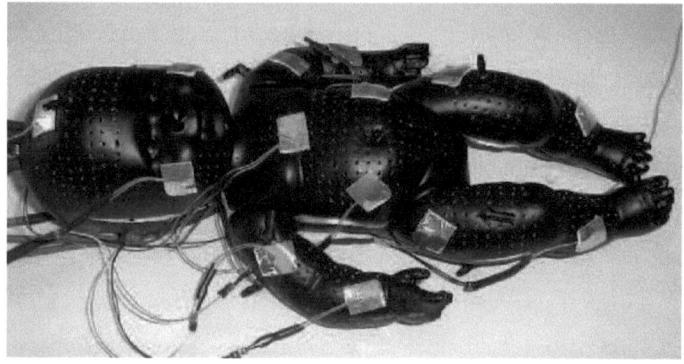

Figure 2.4 : Mannequin thermique couché sur le dos.

2.2.1. Surface du mannequin

La surface totale du mannequin est calculée en additionnant les surfaces locales des différents segments corporels (Tableau 2.1). Ces dimensions ont été mesurées de manière précise en plaçant sur la surface du mannequin du papier millimétré de surface connue.

Tableau 2.1 : Surfaces locales des différents segments corporels (m^2) ainsi que le pourcentage de chaque segment (%) exprimé par rapport à la surface totale du mannequin

Membres	Surface	pourcentage
Tête	0.0242	28
Tronc	0.020	23
Membres supérieurs	2 × 0.0083	2 × 9,5
Membres inférieurs	2 × 0.0129	2 × 15
Total	0.086	100

2.2.2. Principe de mouillure de surface

Les nouveau-nés de faible poids de naissance et de petit âge gestationnel ne présentent pas d'activité sudorale. Les pertes évaporatoires se font uniquement par perspiration transcutanée. Les différences inter régionales d'évaporation sont relativement petites car elles sont dues uniquement à l'épaisseur de la couche cutanée et non à la densité des glandes sudoripares actives (activité nulle dans notre cas). Nous avons donc réalisé des mouillures de surface segmentaire uniformes tout en maintenant l'hétérogénéité des températures de surface.

La mouillure de surface est réalisée en injectant sur la surface du mannequin une quantité d'eau qui est répartie en fonction de la surface relative de chaque segment par rapport à la surface totale du modèle. Le rapport entre l'évaporation qui correspond à cette quantité d'eau injectée et l'évaporation maximale (mouillure de surface complète $w = 1$) dans les mêmes conditions expérimentales nous permet de déterminer la mouillure de surface : $(w = \dfrac{E}{E_{max}})$

Pour quantifier la masse d'eau correspondant à une mouillure totale, le coton couvrant chaque segment du mannequin était pesé avant et après trempage dans l'eau. La pesée était effectuée par une balance de précision (IB 12 EDEP ; Max 12 kg, d = 0,1 g (6 kg) 0,2 g (12 kg), Annexe1) dès que les gouttes d'eau ne s'écoulaient plus du tissu. Cette masse était de 12,6 g pour la tête, 8 g pour le tronc, 6 g pour chacun des membres inférieurs et 4 g pour chacun des membres supérieurs (40,6 g pour l'ensemble du mannequin). Dans ces conditions l'évaporation maximale était de 28,1 g.h^{-1}.

Des essais préliminaires réalisés dans des conditions thermohygrométriques rencontrées dans les incubateurs (température de l'air = 33 °C ; humidité relative 50 %) ont montré que 3,7 g, 12,2 g et 14,2 g d'eau fournies à l'ensemble du mannequin correspondaient à une évaporation de 8,6 g.h^{-1}, 20,3 g.h^{-1} et 23.8 g.h^{-1} respectivement. Le rapport entre ces évaporations et l'évaporation maximale correspondait à des mouillures de surface de 30 %, 70% et 80%.

Les masses d'eau injectées localement étaient respectivement de 1,1, 3,7 et 4,3 g pour la tête, 0,8, 2,5 et 2,8 g pour le tronc, 0,5, 1,8 et 2,1 g pour chacun des membres inférieurs et 0,4, 1,2 et 1,4 g pour chacun des membres supérieurs compte tenu de la surface relative de chacun de ces segments.

2.2.3. Principe de mesure de l'évaporation

Pour une mouillure de surface de 100 %, la quantité d'eau évaporée mesurée par la balance est stable pendant un intervalle de temps Δt qui varie selon la vitesse de l'écoulement de l'air imposée dans l'incubateur (Tableaux 2.2 et 2.3). Cet intervalle de temps est fonction de la masse d'eau contenue dans le tissu.

Le régime évaporatoire est stable tant que le contenu en eau dans le coton permet d'assurer une mouillure de surface totale. La durée du régime stable est d'autant plus courte que la vitesse de l'écoulement de l'air est grande car l'évaporation est directement liée à ce facteur via le coefficient d'évaporation. Cette quantité d'eau évaporée correspond à une certaine énergie injectée dans le mannequin pour maintenir sa température de surface à celle de la consigne dans cet intervalle du temps quelles que soit les conditions thermohygrométriques (erreur < 10%) (Tableaux 2.2 et 2.3).

Un calcul de la puissance (W) injectée pendant l'intervalle du temps Δt, permet de quantifier la masse d'eau évaporée sans utiliser la balance, en tenant compte de la chaleur latente de vaporisation de l'eau.

Tableau 2.2 : Temps pendant lequel l'évaporation mesurée par la balance (surface du mannequin mouillée à 100 %) reste stable en fonction de la vitesse d'écoulement de l'air dans l'incubateur, quelles que soit les conditions hygrométriques (température de l'air = 33 °C), et l'erreur entre cette évaporation mesurée par la balance et celle calculée par la puissance.

Vitesse de l'air (m.s^{-1})	Humidité relative (%)	Temps (min)	Erreur (%)
Naturelle	40	40 ± 1	6,5
	50		3,5
	60		6,4
	80		7,4
0,2	40	25 ± 1	1,2
	50		2,5
	60		7,1
	80		3,4
0,4	40	24 ± 1	1
	50		5,2
	60		6,8
	80		5,5
0,7	40	20 ± 1	1
	50		3,1
	60		4,1
	80		8,7

Tableau 2.3 : Temps pendant lequel l'évaporation mesurée par la balance (surface du mannequin mouillée à 100 %) reste stable en fonction de la vitesse d'écoulement de l'air dans l'incubateur quelles que soit les conditions hygrométriques (température de l'air = 36 °C), et l'erreur entre cette évaporation mesurée par la balance et celle calculée par la puissance.

Vitesse de l'air (m.s^{-1})	Humidité relative (%)	Temps (min)	Erreur (%)
Naturelle	40	39 ± 1	9,4
	50		3,7
	60		7,5
	80		7,4
0,2	40	24 ± 1	0,5
	50		0,6
	60		1,0
	80		0,3
0,4	40	23 ± 1	0,6
	50		1,0
	60		0,3
	80		0,2
0,7	40	19 ± 1	1,3
	50		0,3
	60		0,2
	80		0,4

Pour des mouillures de surface inférieures à 100 %, la puissance injectée dans le mannequin est surestimée par rapport à la quantité d'eau évaporée mesurée par la balance. Pour qu'il y ait une compatibilité entre les deux méthodes de calcul (Balance, Puissance), il faut corriger cette surestimation. Les essais simulant les situations rencontrées dans les incubateurs fermés (convection naturelle ; température d'air entre 33 et 36 °C, l'humidité relative de l'air entre 40 et 80 % montrent que les quantités d'eau évaporées et mesurées par la balance à 80 %,

70 %, 60 %, 50 %, 40 %, 30 % et 20 % de mouillures de surface sont stables pendant 35, 31, 28, 25, 20, 15 et 13 min. Les quantités d'eau évaporées (en g.min⁻¹) sont compatibles avec les énergies injectées au modèle (en W) respectivement dans le même intervalle du temps avec une correction de ces dernières de 25 %, 25 % 25 %, 30 %, 30 %, 35 % et 35 %. Le tableau 2.3 résume ces résultats qui nous permettent de s'affranchir d'une mesure par la balance.

L'erreur commise entre la balance et la puissance peut être due à l'ouverture et à la fermeture des relais statiques qui ne sont peut être pas toujours synchrones avec le secteur. Cette erreur augmente avec la diminution du temps de chauffe (temps de chauffe petit pour des petites puissances) et augmente avec la diminution de la mouillure (diminution de la puissance).

Tableau 2.3 : Corrections (en %) de la puissance par rapport à la balance en fonction de la mouillure de surface du mannequin en convection naturelle :

Mouillure (%)	surestimation de la puissance par rapport à la balance
100	< 10 %
80	25 %
70	25 %
60	25 %
50	30 %
40	30 %
30	35 %
20	35 %

L'injection d'eau ne modifie pas la régulation et les niveaux des températures de surface (avant injection 36,35 ± 0,02 °C ; après injection 36,38 ± 0,04 °C). Un régime pseudostationnaire d'équilibre thermique entre le mannequin et son environnement est atteint en 60 minutes (Figure 2.5).

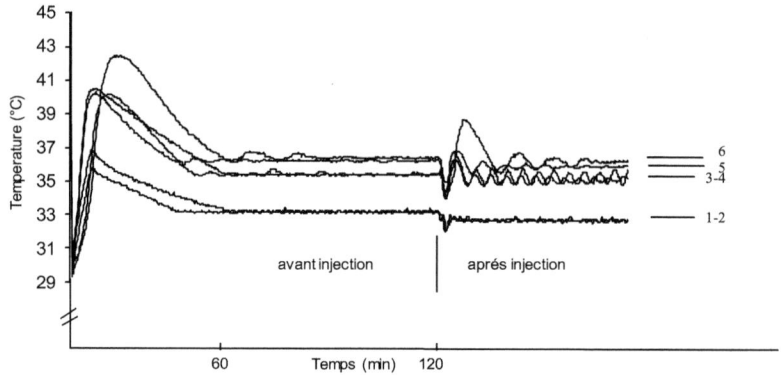

Figure 2.5 : Températures moyennes de surface pour les différents segments du mannequin en fonction du temps avant et après injection de l'eau. 1 et 2 : membres supérieurs, 3 et 4 : membres inférieurs, 5 : tête, 6 : tronc.

2.3. Conclusion

Nous avons conçu une plate forme qui permet de simuler l'ensemble des échanges thermiques d'un nouveau-né (conduction, convection, rayonnement et évaporation). Le mannequin permet de simuler les pertes hydriques des nouveau-nés. Les différentes mouillures locales peuvent être contrôlées. La répartition de l'eau sur la surface de chaque segment corporel est optimisée par le système de production et de distribution vers les segments. Une régulation en température de surface des segments indépendamment les uns des autres permet en outre de simuler l'hétérogénéité locale des températures telle qu'elle peut être observée en site clinique sans être perturbée par l'injection d'eau.

VALIDATION DU MANNEQUIN THERMIQUE

3. Validation du mannequin thermique : Evaluation de la chaleur latente d'évaporation de l'eau et des pertes caloriques totales et régionales du mannequin :

Cette étude réalisée dans différentes conditions expérimentales a pour but de valider le modèle en tant qu'outil permettant de simuler et de mesurer l'ensemble des échanges de chaleur, en particulier les pertes d'eau transcutanées.

Nous avons mesuré simultanément à l'aide d'une balance de précision et de la puissance électrique injectée pour chauffer le mannequin les pertes cutanées maximales en eau dans différents environnements thermohygrométriques. La comparaison entre ces 2 méthodes de mesures permet d'analyser si le système répond à la variation des paramètres ambiants ou non et si les mesures par la puissance peuvent être utilisées de manière fiable ; la balance de précision servant de référence. Le fait de s'affranchir d'une mesure par pesée en continue permettrait l'étude de régimes transitoires où l'environnement thermohygromètrique fluctue comme cela est souvent le cas lors de procédures de soins nécessitant l'accès à l'enfant. De même une évaluation des échanges caloriques uniquement basée sur la puissance permettrait d'étudier les transferts de chaleur lors du transport de l'enfant (hélicoptères-voitures) où l'existence de vibrations perturbe la pesée. La comparaison entre les deux systèmes de mesure a été faite à partir de la pente de la relation entre la puissance électrique injectée (en W) dans le modèle et la perte de masse (en $g.h^{-1}$) mesurée à l'aide de la balance. Ces deux mesures sont en effet liées par une grandeur physique constante, la chaleur latente de vaporisation de l'eau. L'hypothèse testée était la suivante : si la perte hydrique mesurée par la puissance est précise, la pente de la relation entre la puissance (en W) et la perte de masse mesurée par la balance (en g.h^{-1}) doit être égale à la chaleur latente de vaporisation qui est une constante physique : 0,69 W.h.g^{-1}.

3.1. Méthode et théorie

Les expériences ont été réalisées dans l'incubateur décrit dans le paragraphe (2.1.6). Les mesures et le contrôle de la température de l'humidité de l'air et de la vitesse d'écoulement de l'air dans l'habitacle ont été faits selon les normes internationales en vigueur.

Le mannequin était couché sur le dos sur un matelas placé sur la balance à l'intérieur de l'incubateur.

Les échanges de chaleur (W) entre le mannequin et l'environnement peuvent s'exprimer à partir de l'équation fondamentale de l'équilibre thermique :

$$S = P - R - C - K - E \qquad (3.1)$$

S : chaleur stockée dans le modèle ;

P : puissance de chauffe injectée dans le modèle ;

R : pertes de chaleur par rayonnement ;

C : pertes de chaleur par convection ;

K : pertes de chaleur par conduction ;

E : pertes de chaleur par évaporation.

Les échanges de chaleur du mannequin dans l'incubateur se divisent en deux catégories :

- les transferts de chaleur sèche (H) qui se composent du rayonnement, de la convection et de la conduction :

$$H = +R + C + K \qquad (3.2)$$

- la perte de chaleur par évaporation de l'eau sur la surface du mannequin. Ce transfert, peut être mesuré par la balance et par la puissance électrique injectée nécessaire pour maintenir constantes les températures de surface du modèle.

Lorsque la température de surface du mannequin atteint l'équilibre thermique (35,7 °C) avec l'environnement, la chaleur stockée S à l'intérieur de celui-ci est nulle :

$$P - H - E = 0 \qquad (3.3)$$

Avant l'injection de l'eau sur la surface du mannequin, la puissance électrique fournie au modèle en équilibre thermique (P_0) correspond aux pertes de chaleur sèche (H). Quand la surface du mannequin est mouillée, la différence entre la puissance totale fournie (P) et (P_0) représente la perte de chaleur évaporatoire (E).

Cette dernière est directement liée à la différence entre la pression de saturation de vapeur d'eau sur la surface du mannequin $(P_{s,H2O})$ et la pression partielle de vapeur d'eau dans l'air $(P_{a,H2O})$:

$$E = h_e . w . (P_{s,H2O} - P_{a,H2O}) \qquad (3.4)$$

E : Perte de chaleur évaporation ($W.m^{-2}$) ;

w : degré de mouillure de la surface du mannequin (%) ;

h_e : coefficient d'évaporation ($W.m^{-2}.Pa^{-1}$) ;

$P_{s,H2O}$: pression de saturation de vapeur d'eau sur la peau (Pa) ;

$P_{a,H2O}$: pression partielle de vapeur d'eau dans l'air (Pa).

3.2. Expérimentation

Afin de contrôler les conditions ambiantes, toutes les expériences ont été réalisées dans un incubateur fermé. Les pertes d'eau totales et locales pour chaque segment du mannequin ont été calculées à partir de la puissance de chauffe (en W) injectée dans l'ensemble du mannequin ou dans un segment particulier. Pour tester la validité du système, ces différentes pertes ont été comparées avec celles mesurées par la balance.

La température de l'air était mesurée à 10 cm au dessus du centre du matelas.

Pour étudier l'effet de la vitesse d'écoulement de l'air sur les pertes hydriques, un ventilateur a été placé aux pieds du mannequin. L'air était propulsé dans le sens classique de l'écoulement du flux observé dans un incubateur des pieds vers la tête de l'enfant. La vitesse de l'air était mesurée avec un anémomètre multidirectionnel à boule chaude (TESTO 490) placé 5 cm au dessus du centre du matelas.

Les pertes en eau (en $g.h^{-1}$) et la puissance de chauffe (en W) fournie au modèle pour maintenir les températures de surface constantes et identiques aux températures de consigne imposées ont été mesurées dans deux séries expérimentales.

La première série a été effectuée en convection naturelle (0,01 $m.s^{-1}$) et forcée (0,2; 0,4 et 0,7 $m.s^{-1}$) pour 2 températures d'air (33 °C et 36 °C) et 4 niveaux d'humidité relative de l'air (40 ; 50 ; 60 et 80 %). La mouillure de surface du mannequin était fixée à 100 %. Cette série expérimentale a été choisie afin de quantifier la réponse du modèle dans des situations où la convection forcée était importante.

La seconde série expérimentale a été réalisée en convection naturelle (0,01 $m.s^{-1}$) à 70 et 80 % de mouillure de surface pour 4 niveaux d'humidité relative de l'air (40, 50, 60 et 80 %) et une température d'air de 33 °C dans l'habitacle. Cette deuxième série expérimentale a été choisie pour valider le modèle pour des conditions thermohygrométriques les plus courantes rencontrées dans les services de néonatologie.

Ces conditions expérimentales sont donc représentatives de la gamme d'ambiances thermiques généralement rencontrées en routine clinique. Elles permettent également de valider le modèle pour des conditions de mouillure de surface différentes. Les valeurs de puissances injectées sont corrigées en utilisant les corrections décrites dans le chapitre précédent (tableau 2.3). Chaque test a été effectué trois fois afin d'analyser la fidélité et la justesse qui caractérisent la précision du modèle.

3.2.1. Analyse statistique

Les effets de la vitesse d'écoulement de l'air, de l'humidité et de la température d'air sur les pertes de chaleur évaporatoire ont été testés à partir d'analyses de variance (ANOVA). Les valeurs de t et de F sont indiquées avec leurs degrés de liberté correspondants. La régression linéaire a été également utilisée pour caractériser la relation entre les deux méthodes de mesure de la perte en eau. Le seuil de probabilité a été fixé à 0,01.

3.3. Résultats de la première série expérimentale

3.3.1. Perte de chaleur évaporatoire maximale totale du mannequin

Les pertes de chaleur évaporatoire totales mesurées à partir de la balance sont présentées en fonction des différents paramètres thermohygrométriques ambiants et de la vitesse d'écoulement de l'air sur la figure 3.1. Les pertes d'eau augmentent quand l'humidité relative de l'air diminue ($F_{3;64} = 4716,6$; p < 0,001). Pour une valeur donnée d'humidité ambiante, lorsque l'on augmente la température de l'air, les pertes en eau chutent quelle que soit la vitesse de l'air imposée ($F_{1;64} = 3164,5$; p < 0,001). Une augmentation de cette dernière augmente les pertes en eau du mannequin ($F_{3;64}$ = 14057 ; p < 0,001). Le tableau 3.1 (annexe 3) montre les valeurs des pertes totales de chaleur évaporatoire maximales calculées à partir de la puissance (W) et de la balance (g.h^{-1}). Il n'y a pas une différence significative entre les deux méthodes ($F_{1,\,61}$ = 0,231 ; p = 0,632) sachant que (1 g.h^{-1} correspond à 0,69 W).

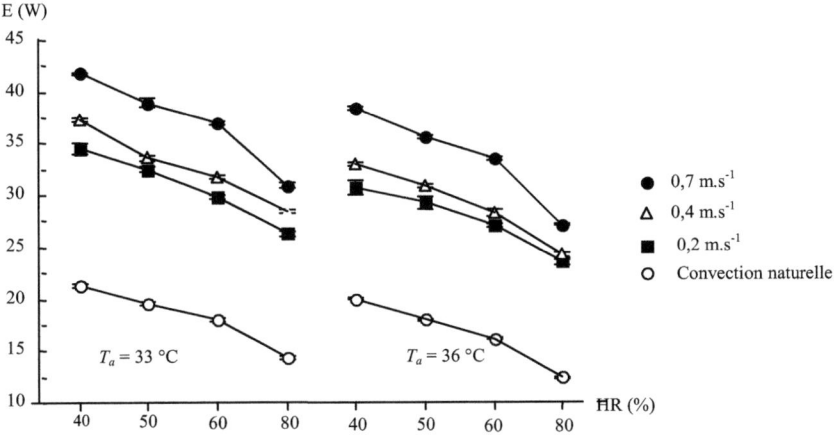

Figure 3.1 : Pertes évaporatoires maximales de l'ensemble du mannequin (E, W) en fonction de l'humidité relative de l'air (HR, %) et de la température de l'air (T_a, °C), mesurées à partir de la balance. La vitesse d'écoulement de l'air est indiquée par les différents symboles de la figure. Les différents points correspondent à des valeurs moyennes calculées sur 3 mesures ± 1 écart-type.

3.3.2. Perte de chaleur évaporatoire maximale locale

La figure 3.2 montre les pertes maximales d'eau de chaque segment du mannequin mesurées par la balance dans les conditions expérimentales décrites précédemment. Pour chaque segment, les pertes évaporatoires augmentent avec la vitesse de l'air ($F_{3;192}$ = 34290 ; p < 0,001) et lorsque l'humidité relative de l'air chute ($F_{3;192}$ = 5323 ; p < 0,001).

En convection naturelle et pour une température de l'air de 33 °C, les pertes d'eau locales représentent environ 30-31 % des pertes d'eau totales pour la tête, elles sont de l'ordre de 20-22 % pour le tronc, de 15-17 % pour chaque membre inférieur et de 8-10 % pour chaque membre supérieur. En convection forcée, ces pourcentages atteignent ; 22-27 % pour la tête, 28-34 % pour le tronc, 12-18 % pour chaque membre inférieur et 8-11 % pour chaque membre supérieur. Ces pourcentages diffèrent significativement sur le tronc et la tête (p < 0,001) mais pas sur les membres inférieurs (p = 0,38) et supérieurs (p = 0,18) lorsque l'on augmente la vitesse d'écoulement de l'air. La vitesse de l'air a donc un effet significatif sur les segments situés le long de l'axe principal du corps. Des résultats identiques sont obtenus à 36 °C.

Les tableaux 3.2 - 3.7 (annexe 3) présentent les valeurs numériques des pertes d'eau maximales locales calculées par la puissance (W) et mesurées par la balance (g.h^{-1}). Il n'existe pas de différence significative entre les deux méthodes de mesure ($F_{1, 254}$ = 0,125 ; p = 0,723).

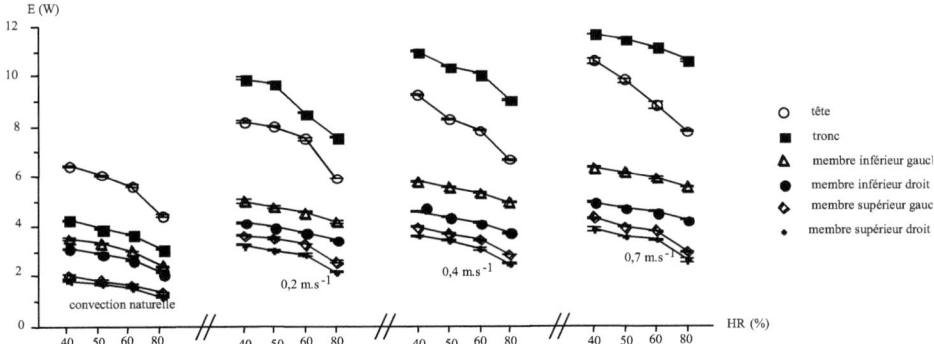

Figure 3.2 : Pertes évaporatoires maximales locales (E, W) des différents segments du mannequin (symboles) mesurées par la balance en fonction de l'humidité relative de l'air (HR, %) en convection naturelle et forcée pour une température d'air de 33 °C. Les différents points correspondent à des valeurs moyennes calculées sur 3 mesures ± 1 écart-type.

3.3.3. Validation

La figure 3.3 montre la régression linéaire entre les pertes d'eau totales maximales mesurées par la balance (en g.h^{-1}) et par la puissance électrique injectée dans le mannequin pour maintenir la température de surface égale à celle de la consigne (en W). La pente de cette régression linéaire ($r^2 = 0,98$; $p < 0,001$) est de 0,703 ± 0,008 W.h.g^{-1}. Cette valeur représente en fait la constante physique de la chaleur latente de vaporisation de l'eau. Dans la littérature, la chaleur latente d'évaporation de l'eau est de 0,69 W.h.g^{-1} ce qui est très proche de celle mesurée dans nos conditions expérimentales.

La valeur de l'ordonnée à l'origine de la relation bien que très petite, elle est significativement différente de zéro ($p = 0,0031$).

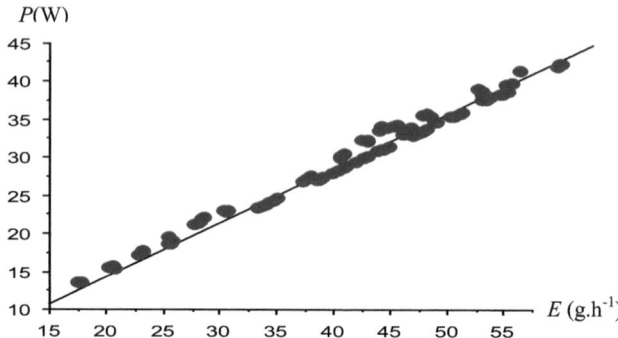

Figure 3.3 : Pertes de chaleur évaporatoires totales maximales calculées par la puissance (P,W) en fonction de celles mesurées par la balance (E, g.h⁻¹).

$$P = (- 0,77 \pm 0,25) + (0,703 \pm 0,008)*E$$

Lorsque l'on considère les pertes évaporatoires maximales locales de chaque segment du mannequin, on constate que les valeurs calculées des chaleurs latentes (Tableau 3.1) sont très proches de la constante physique de la littérature.

Tableau 3.1 : Chaleur latente de vaporization de l'eau calculée pour chaque segment du mannequin dont la mouillure de surface est totale.

segments	Chaleur latente (W.h.g⁻¹)
Membre supérieur gauche	0,711 ± 0,005
Membre supérieur droit	0,717 ± 0,008
Membre inférieur gauche	0,706 ± 0,003
Membre inférieur droit	0,708 ± 0,004
Tête	0,701 ± 0,009
Tronc	0,707 ± 0,002

3.4. Résultats de la deuxième série expérimentale

3.4.1. Perte de chaleur évaporatoire totale du mannequin (surface mouillée à 70 % et 80 % de la surface totale).

La figure 3.4 montre les pertes évaporatoires de l'ensemble du mannequin mesurées à partir de la balance en fonction de l'humidité relative de l'air et de la mouillure de surface du mannequin. Les pertes mesurées en convection naturelle pour une température d'air de 33 °C diminuent lorsque l'on réduit la mouillure de surface du mannequin ($F_{1,16}$ = 842 ; p < 0,0001) et lorsque l'on augmente l'humidité de l'air dans l'incubateur ($F_{3,16}$ = 1262 ; p < 0,0001). Les tableaux 3.8 et 3.9 (annexe 3) montrent les valeurs des pertes évaporatoires totales du mannequin mesurées par la balance et par la puissance lorsque la surface est mouillée à 70 et 80 %. Il n'y a pas de différence significative entre les deux méthodes ($F_{1, 13}$ = 0,365 ; p = 0,555).

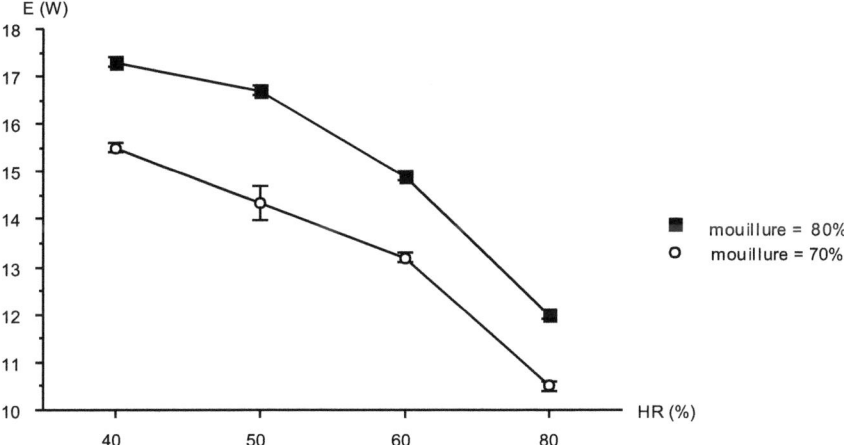

Figure 3.4 : Pertes évaporatoires de l'ensemble du mannequin (E, W) mesurées par la balance en fonction de l'humidité relative de l'air (HR, %) et de la mouillure de surface (symboles de la figure). La température de l'air est de 33 °C. Les différents points correspondent à des valeurs moyennes calculées sur 3 mesures ± 1 écart-type.

3.4.2. Perte de chaleur évaporatoire locale du mannequin à 70 et 80 % de mouillure

La figure 3.5 montre les pertes de chaleur évaporatoire locales mesurées par la balance en fonction de l'humidité relative de l'air et de la mouillure de surface dans les conditions expérimentales décrites précédemment. Pour chaque segment, ces pertes augmentent avec la mouillure de surface du mannequin ($F_{1,96}$ = 338 ; p < 0,0001) et lorsque l'humidité relative de l'air chute ($F_{3,96}$ = 423 ; p < 0,0001).

En convection naturelle et pour une température de l'air de 33 °C, les pertes évaporatoires locales à 70 % de mouillure de surface sont de 28-30 % pour la tête, de 18-19 % pour le tronc, de 15-17 % pour chacun des membres inférieurs et de 9-10 % pour les membres supérieurs. Des pourcentages identiques ont été calculés lorsque la mouillure de surface est fixée à 80 %.

Les tableaux 3.8 et 3.9 (annexe 3) indiquent les valeurs des pertes d'eau locales évaluées par la puissance (W) et par la balance (g.h^{-1}) à 70 % et 80 % de mouillure de surface. Il n'y a pas de différence significative entre les deux méthodes de mesure (t_{143} = 1,96 ; p = 0,054).

Les pertes sont significativement différentes entre 70 et 80 % de mouillure (t_{71} = 12,1 ; p < 0,0001).

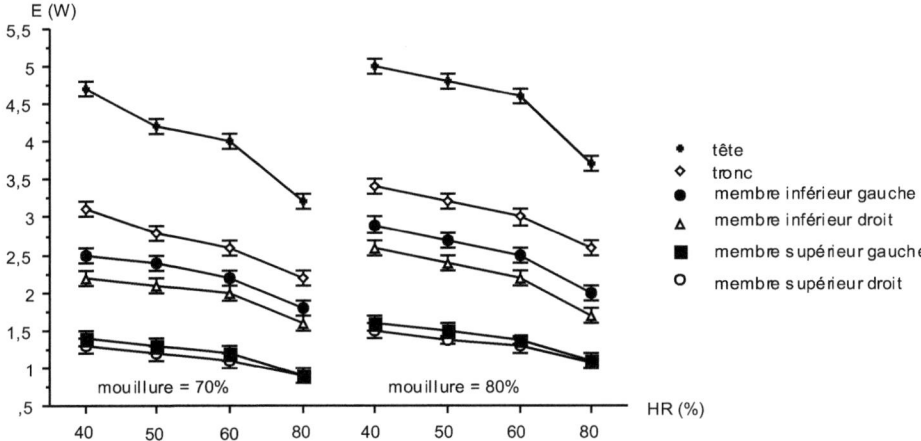

Figure 3.5 : Pertes évaporatoires locales (E, W) mesurées par la balance en fonction de l'humidité relative de l'air (HR, %) et de la mouillure de surface du mannequin (70-80 %) pour les différents segments (symboles de la figure). La température de l'air est de 33 °C. Les différents points correspondent à des valeurs moyennes calculées sur 3 mesures ± 1 écart-type.

3.4.3. Validation

Les figures 3.6 et 3.7 montrent la relation entre les pertes d'eau, mesurées par la balance (g.h^{-1}), et la puissance mise en jeu (W) pour compenser ces pertes. A 70% de mouillure de surface, une régression linéaire de ces mesures donnent une droite dont la pente est égale 0,716 ± ,006 (r^2 = 0,99 ; p < 0,0001). A 80 % de mouillure de surface, la pente est 0,690 ± 0,004 (r^2 = 0,99 ; p < 0,0001).

La valeur d'ordonnée à l'origine de la relation obtenue n'est pas significativement différente de zéro à 70 % de mouillure de surface (t$_{11}$ = 2,21 ; p = 0,051) comme à 80 % (t$_{11}$ = 2,68 ; p = 0,023).

P (W)

E (g.h^{-1})

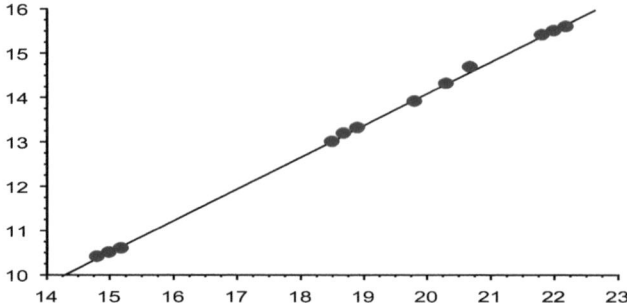

Figure 3.6 : Pertes de chaleur évaporatoires de l'ensemble du mannequin calculées à partir de la puissance en fonction de celles mesurées par la balance à 70 % de mouillure de surface.

$$P = (-0,23 \pm 0,10) + (0,716 \pm 0,006)*E$$

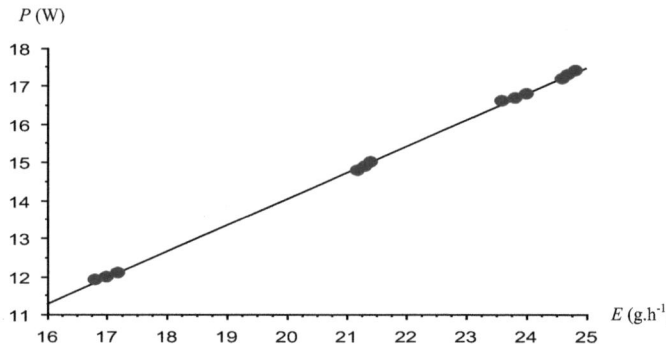

Figure 3.7 : Pertes de chaleur évaporatoires de l'ensemble du mannequin calculées à partir de la puissance en fonction de celles mesurées par la balance à 80 % de mouillure de surface.

$$P = (0,25 \pm 0,09) + (0,690 \pm 0,004)*E$$

Les chaleurs latentes de vaporization de l'eau calculées pour chaque segment du mannequin sont groupées dans le tableau 3.2 On constate que toutes les valeurs sont proches de celle définie dans la littérature. Les valeurs de la chaleur latente à 100 % de mouillure sont significativement différentes de celles trouvées à 70 % (t_5 = 3,89 ; p = 0,01) et à 80 % (t_5 = 8,55 ; p = 0,0004). La différence est cependant très petite puisqu'elle ne dépasse pas 3 % en moyenne. Les chaleurs latentes à 70 % de mouillure ne sont pas significativement différentes de celles trouvées à 80 % (t_5 = 1,97 ; p = 0,851).

Les valeurs de la chaleur latente sont significativement différentes d'un segment à l'autre ($F_{5.36}$ = 33,69 ; p < 0,0001).

Tableau 3.2 : Chaleur latente de vaporisation de l'eau calculée pour chaque segment du mannequin dont la mouillure de surface est de 70, 80 et 100 %.

Segments	Chaleur latente ($W.h.g^{-1}$)		
	70 %	80 %	100 %
Membre supérieur gauche	0,727 ± 0,006	0,733 ± 0,007	0,711 ± 0,005
Membre supérieur droit	0,761 ± 0,009	0,737 ± 0,005	0,717 ± 0,008
Membre inférieur gauche	0,728 ± 0,004	0,731 ± 0,003	0,706 ± 0,003
Membre inférieur droit	0,737 ± 0,004	0,742 ± 0,003	0,708 ± 0,004
Tête	0,708 ± 0,003	0,717 ± 0,004	0,701 ± 0,009
Tronc	0,718 ± 0,003	0,725 ± 0,005	0,707 ± 0,002

3.5. Discussion

Les résultats montrent que les pertes d'eau mesurées avec la balance et à partir de la puissance de chauffe fournie au système ne sont pas significativement différentes. La chaleur latente de vaporisation de l'eau calculée chez le mannequin (0,703 $W.h.g^{-1}$) est très proche de la constante physique donnée dans la littérature quelle que soit les conditions expérimentales.

Les résultats de la première série expérimentale montrent qu'une augmentation de l'humidité relative de l'air diminue les pertes évaporatoires maximales de l'ensemble du mannequin. En convection naturelle (la situation la plus courante dans les incubateurs fermés) une augmentation de l'humidité relative de 40 à 80% dans l'habitacle de l'incubateur réduit respectivement la perte d'eau totale de 32 % et 38 % pour des températures d'air de 33 °C et 36 °C. Pour des nouveau-nés de très faible poids de naissance, Marks (1987) a constaté qu'une augmentation de l'humidité d'air à 90 % réduisait les pertes en eau de 45 % empêchant la chute de la température interne de l'organisme donc le risque d'hypothermie.

La perte d'eau totale, est également fonction de la vitesse d'écoulement de l'air. Quand cette dernière augmente de 0 à 0,2 m.s^{-1}, la perte hydrique augmente de 53 % à 68 % indépendamment du niveau d'humidité relative de l'air lorsque celle-ci est comprise entre 40 % et 60 %, (i.e augmentation de la perte d'eau de 63 ± 5 % en moyenne). Des résultats identiques ont été rapportés par Okken et al. (1982) qui ont montré qu'une augmentation de la vitesse de l'air de 0 à 0,2 m.s^{-1} augmentait les pertes d'eau de 52 % chez les nouveau-nés de 1542 g (31 semaines d'âge gestationnel). Pour huit nouveau-nés de moins de 32 semaines de gestation et de 7 jours d'âge postnatal, Thompson et al. (1984) ont également trouvé que la perte de chaleur par évaporation augmentait de 50 % quand la vitesse de l'air augmentait de 0,05 à 0,25 m.s^{-1}. Comparé avec les résultats se référant à la chaleur latente de vaporisation ou à ceux obtenus chez l'enfant, le modèle mannequin se révèle donc être un outil précis pour une évaluation pratique des pertes de chaleur évaporatoire.

Les constructeurs des incubateurs emploient parfois la convection forcée plutôt que la convection naturelle pour homogénéiser la température de l'air dans l'incubateur et gagner ainsi en fiabilité sur le contrôle de la température de l'air. Cette pratique est critiquable. Nos résultats montrent en effet que le risque de déshydratation corporelle peut augmenter très rapidement pour de très faibles variations de la vitesse d'air. De plus, la distribution régionale des pertes d'eau en convection forcée est différente de celle observée en convection naturelle.

En convection naturelle la tête est un segment important au niveau des pertes thermiques confirmant les résultats de Marks et al. (1985), Stothers (1981) et de Elabbassi et al. (2002). En convection forcée, les pertes thermiques deviennent plus grandes sur le tronc, car le mouvement d'air est probablement plus important au dessus de cette surface, lorsque le flux circule parallèlement le long de l'axe principal du corps (du pieds à la tête). Les résultats de cette étude soulignent qu'une circulation non homogène de l'air peut fortement modifier les transferts thermiques locaux ce qui peut déséquilibrer le bilan thermique de l'enfant et probablement son confort thermique en générant des hétérogénéités thermiques sur les différents segments du corps.

Les résultats de la deuxième série expérimentale montrent que les pertes d'eau totales sont fonction de la mouillure de surface. Quand cette dernière diminue de 80 à 70 %, les pertes évaporatoires chutent de 11 à 14 % pour une température d'air de 33 °C quel que soit le niveau de l'humidité de l'air. Une variation de la mouillure de surface relativement petite (10 %) peut donc augmenter les pertes de 14 %. Ces résultats montrent également qu'une augmentation de l'humidité relative de l'air de 40 à 80 % réduit la perte d'eau totale de 31 % pour une température d'air de 33 °C indépendamment du niveau de mouillure de surface.

Chez les nouveau-nés, les pertes hydriques provoquent une déshydratation si l'eau perdue par l'organisme n'est pas remplacée. En convection naturelle, que la mouillure de surface soit de 100, 80 ou 70 %, l'évaporation observée sur chaque segment est proportionnelle à leurs surfaces (chaque membre supérieur : 9,0 ± 0,3 % ; chaque membre inférieur : 15,2 ± 0,5 % ; tronc : 20,0 ± 0,9 % ; tête : 30,0 ± 1,0 %). Bien que la comparaison de nos résultats avec ceux observés chez les nouveau-nés soit difficile, les pourcentages de variations d'évaporation sont très proches des valeurs moyennes rapportées dans la littérature.

3.6. Conclusion

Le mannequin est un outil qui permet d'obtenir des mesures précises, rapides, reproductibles, tout en évitant les contraintes liées à l'éthique et aux variations interindividuelles particulièrement importantes chez les enfants prématurés. Cet outil permet également de s'affranchir d'une mesure par pesée en continue à l'aide d'une balance.

Ce modèle a permis également de tester des situations thermiques extrêmes qu'il serait difficile de proposer en clinique.

APPLICATIONS

▶ *MESURE DU COEFFICIENT D'EVAPORATION*

▶ *EFFICACITE THERMIQUE D'UNE PROTECTION*
   PAR SAC POLYETHYLENE

Chez les nouveau-nés de faible poids de naissance, les pertes importantes d'eau transcutanées constituent un problème vital. La première origine de ces pertes réside dans le fait que l'épiderme ne contient pas de kératine qui est une véritable barrière qui réduit les pertes hydriques. Dans les premiers jours de vie, l'évaporation à travers la peau est très élevée. Ainsi, Hammarlund et al. (1983) ont montré qu'après la naissance chez des enfants nés avant terme (26 semaines d'âge gestationnel, masse corporelle 830-970 g), les pertes hydriques atteignaient 60 $g.h^{-1}.m^{-2}$. Cette valeur peut augmenter de 47 à 80 % lorsque les nouveau-nés sont placés sous des incubateurs radiants associés ou non à la photothérapie (Wu et al., 1974). Pendant les premières heures de vie, chez des nouveau-nés à terme (masse corporelle entre 2650 et 4755 g) l'évaporation peut atteindre 103 ± 22 $g.h^{-1}.m^{-2}$ (Fanaroff et al., 1972). Les nouveau-nés de poids de naissance inférieur à 1000 g sont particulièrement exposés aux risques d'hypothermie corporelle, car le fluide intraveineux ne peut pas remplacer proportionnellement les pertes excessives d'eau (Jones et al., 1976). Les pertes d'eau transcutanée représentent plus de 20 % des pertes d'énergie chez les nouveau-nés dont l'âge gestationnel est inférieur à 30 semaines. Lorsque ces pertes sont continues non seulement les stocks d'énergie qui permettent la survie de l'enfant sont fortement réduits, mais la déshydratation corporelle augmente le risque d'hémorragie intracrânienne (Trounce et al., 1991). La perte d'eau transcutanée peut déséquilibrer le bilan énergétique du corps et les nouveau-nés sont alors incapables de maintenir une température centrale normale. Ces pertes évaporatoires refroidissent l'organisme. Elles sont régies par l'équation (3.4) et dépendent donc du degré de mouillure cutanée, de la différence entre les pressions partielles de vapeur d'eau entre la peau et l'air et d'un coefficient d'évaporation fonction des dimensions anthropométriques de l'enfant et de la vitesse d'écoulement de l'air dans l'incubateur. Dans la suite de ce travail nous nous proposons de mesurer expérimentalement ce coefficient et de quantifier l'efficacité et les modifications des différents échanges de chaleur lorsqu'un sac plastique identique à celui utilisé dans les services de réanimation couvre l'enfant.

MESURE EXPERIMENTALE DU COEFFICIENT D'EVAPORATION

4. Mesure du coefficient d'évaporation

4.1. Introduction

La mesure des pertes hydriques entre la surface cutanée et l'environnement est nécessaire pour optimiser les conditions d'élevage dans les incubateurs. Ces pertes hydriques conditionnent en effet le maintien de l'équilibre hydrominéral mais également l'homéothermie. Cette mesure nécessite l'évaluation préalable du coefficient d'échange de chaleur par évaporation (h_e).

Le coefficient d'évaporation est généralement calculé indirectement à partir du coefficient d'échange par convection (h_c), grâce à la relation de Lewis ($h_e = 0,167*h_c$) où h_e s'exprime en $W.m^{-2}.Pa^{-1}$ et h_c en $W.m^{-2}.°C^{-1}$.

Le coefficient d'évaporation h_e peut également être calculé à partir du rapport entre E et ($P_{s,H2O} - P_{a,H2O}$) si le nouveau-né est exposé à un environnement thermique extrême très chaud pour lequel sa surface cutanée est entièrement mouillée. Cette condition expérimentale n'est pas réalisable sur le nouveau-né humain car elle implique un stockage de chaleur dans le corps et augmente le risque d'hyperthermie corporelle. Elle n'existe qu'à la naissance lorsque le nouveau-né est couvert de liquide amniotique.

Cette étude propose une méthode de mesure de h_e à partir du mannequin thermique. Ce modèle résout le problème de la réalisation de la mouillure cutanée, car il permet de maintenir une surface totalement mouillée indépendamment des conditions expérimentales. Le coefficient d'évaporation de l'ensemble du mannequin et de chacun de ses segments peut par conséquent être mesuré directement. Le coefficient d'évaporation est évalué dans différentes conditions expérimentales où la circulation de l'air est naturelle ou forcée. La majorité des incubateurs sont actuellement chauffés par convection naturelle et présentent des turbulences, donc une grande hétérogénéité dans l'écoulement de l'air (Hasegawa et al., 1993). Pour obtenir un environnement thermohygrométrique plus stable et mieux contrôlé quelques fabricants augmentent la vitesse d'écoulement dans les habitacles créant une convection forcée (Clarb et al., 1978) ce qui n'est pas sans conséquence sur les pertes hydriques de l'enfant.

4.2. Matériels et méthodes

Théorie :

Pour un sujet nu dont la surface cutanée est totalement mouillée, la perte de chaleur évaporatoire E (W.m^{-2}) est directement liée à la différence entre la pression de saturation de la vapeur d'eau sur la peau $P_{s,H2O}$ (Pa) et la pression partielle de vapeur d'eau dans l'air $P_{a,H2O}$ (Pa) :

$$E = h_{e*}(P_{s,H2O} - P_{a,H2O}) \qquad (4.1)$$

h_e est le coefficient d'évaporation qui dépend de la vitesse d'écoulement de l'air (W.m^{-2}.Pa^{-1}).

Protocole :

Les sessions expérimentales simulent la convection naturelle et la convection forcée (0,2 , 0,4 et 0,7 m.s^{-1}). La température de l'air était fixée à 33 °C. Cinq niveaux d'humidités relatives de l'air (40, 50, 60, 80 et 100 %) ont été réalisés. La mouillure de surface de l'ensemble du mannequin était totale $(w = 1)$.

L'incubateur permet d'afficher des humidités relatives de l'air comprises entre 40 % et 100 %. Cependant, au niveau proche de la surface du mannequin, des essais préliminaires ont montré que les valeurs réellement mesurées par des capteurs d'humidité (Honeywell HIH 3610) situés 5 cm au dessus de chaque segment corporel du mannequin étaient inférieures à celles indiquées par le constructeur notamment au delà de 40 % d'humidité relative (Tableau 4.1).

Dans cette étude la comparaison entre les coefficients d'évaporation calculés dans des conditions hygrométriques réelles proches de la surface du mannequin et ceux calculés en tenant compte des valeurs affichées par le constructeur nous permet de quantifier une éventuelle erreur commise sur le coefficient d'évaporation entre les deux cas et les conséquences possibles sur les bilans thermique et hydrique du nouveau-né.

Tableau 4.1 : Humidités relatives de l'air indiquées par le constructeur et celles mesurées au niveau proche de la surface du mannequin (%).

Affichage constructeur	Humidité mesurée
40	40
50	40
60	50
80	60
100	80

Dans l'incubateur, il n'est pas possible d'obtenir une humidité relative réelle de l'air de 100 % au dessus du modèle. Nous avons donc réalisé cette condition en couvrant totalement le mannequin avec un sac plastique imperméable. L'isolation thermique du sac fait augmenter la température de l'air dans le microclimat compris entre le mannequin et le sac plastique de 33 à 34,5 °C (pression partielle de vapeur d'eau = 5433 Pa).

Les tableaux 4.2 et 4.3 indiquent les niveaux de pressions partielles dans l'air ambiant, au dessus de la surface du mannequin et aux niveaux de chacun des segments du mannequin.

Tableau 4.2 : Pressions partielles de vapeur d'eau dans l'air (Pa) en fonction de l'humidité relative (HR %) et de la température de l'air (°C).

Température d'air	HR	Pression partielle
33	40	2000
	50	2500
	60	3000
	80	3998
34,5	100	5433

Tableau 4.3 : Pressions partielles de vapeur d'eau (Pa) aux niveaux de la surface du mannequin et de chacun de ces segments en fonction de leurs températures de

Segment	Température de surface	Pression de saturation
Mannequin	35,7	5799
Tête	36,4	6073
Tronc	36,6	6139
Membre inférieur gauche	35,5	5779
Membre inférieur droit	35,5	5779
Membre supérieur gauche	33,5	5115
Membre supérieur droit	33,5	5115

4.3. Résultats

4.3.1. Calcul des coefficients d'évaporation à partir des niveaux d'humidité réels mesurés autour du mannequin.

Les pertes de chaleur évaporatoire totale et locale du mannequin sont représentées dans le tableau 4.4 (Annexe 4).

Les coefficients d'évaporation (h_e) de l'ensemble du mannequin et de chacun de ses segments sont calculés à partir de la résolution de l'équation (4.1) où h_e (W.m^{-2}.Pa^{-1}) est la pente de la relation linéaire entre les pertes de chaleur évaporatoire et la différence entre les pressions partielles de vapeur d'eau de surface et de l'air, (figures 4.1 – 4.7, Annexe 6).

Le tableau 4.5 montre les différentes droites de régression obtenues pour l'ensemble du mannequin et pour chacun de ses segments. Toutes les régressions calculées sont significatives ($0,93 < r^2 < 0,99$; dl = 14 ; p < 0,0001).

Les valeurs des ordonnées à l'origine des relations obtenues pour le mannequin et ses différents segments (tête, tronc, membres inférieurs gauche et droit) sont petites (comprises entre 3,2 et 21,8 W.m^{-2}, ce qui correspond à des pertes comprises entre 0,06 et 2,7 g.h^{-1}) mais toutes significativement différentes de zéro ($t_{14} = 11,12$; p < 0,0001 ; $t_{14} = 5,77$; p < 0,0001; $t_{14} = 4,21$; p < 0,0001; $t_{14} = 5,05$; p = 0,0002), sauf pour les membres supérieurs droit ($t_{14} = 1,13$; p = 0,27) et gauche ($t_{14} = 2,4$; p < 0,03).

Tableau 4.5 : Equations de régression calculées pour l'ensemble du mannequin et pour chacun des segments en fonction de la vitesse d'écoulement de l'air (m.s^{-1}). E = évaporation (W.m^{-2}), et ΔP = ($P_{s,H2O} - P_{a,H2O}$) (Pa).

Vitesses	Segment	Equations de régression
Naturelle	Mannequin	$E = 0,066 * \Delta P - 17,8$
	Tête	$E = 0,073 * \Delta P - 41,2$
	Tronc	$E = 0,057 * \Delta P - 30,3$
	Membre inférieur gauche	$E = 0,074 * \Delta P - 16,6$
	Membre inférieur droit	$E = 0,066 * \Delta P - 18,2$
	Membre supérieur gauche	$E = 0,071 * \Delta P - 9,1$
	Membre supérieur droit	$E = 0,067 * \Delta P - 3,4$
0,2	Mannequin	$E = 0,11 * \Delta P - 21,8$
	Tête	$E = 0,097 * \Delta P - 50,0$
	Tronc	$E = 0,138 * \Delta P - 68,3$
	Membre inférieur gauche	$E = 0,11 * \Delta P - 11,7$
	Membre inférieur droit	$E = 0,097 * \Delta P - 7,7$
	Membre supérieur gauche	$E = 0,138 * \Delta P - 14,7$
	Membre supérieur droit	$E = 0,122 * \Delta P - 2,8$
0,4	Mannequin	$E = 0,115 * \Delta P - 15,5$
	Tête	$E = 0,102 * \Delta P - 48,0$
	Tronc	$E = 0,154 * \Delta P - 66,8$
	Membre inférieur gauche	$E = 0,129 * \Delta P - 14,3$
	Membre inférieur droit	$E = 0,010 * \Delta P - 7,9$
	Membre supérieur gauche	$E = 0,144 * \Delta P - 25,0$
	Membre supérieur droit	$E = 0,133 * \Delta P - 13,4$
0,7	Mannequin	$E = 0,131 * \Delta P - 17,4$
	Tête	$E = 0,124 * \Delta P - 69,2$
	Tronc	$E = 0,168 * \Delta P - 49,1$
	Membre inférieur gauche	$E = 0,141 * \Delta P - 3,2$
	Membre inférieur droit	$E = 0,109 * \Delta P - 5,4$
	Membre supérieur gauche	$E = 0,151 * \Delta P - 37,0$
	Membre supérieur droit	$E = 0,139 * \Delta P - 24,7$

Le tableau 4.6 regroupe l'ensemble des valeurs des coefficients d'évaporation, sachant que

$(1 \ W.m^{-2}.Pa^{-1} = 10^2 \ W.m^{-2}.mbar^{-1})$.

Tableau 4.6 : Coefficients d'évaporation du mannequin (h_e, $W.m^{-2}.mbar^{-1}$) et de chacun des segments en convection naturelle et forcée (vitesses d'écoulement de l'air comprises entre 0,2 et 0,7 $m.s^{-1}$).

Segments	Coefficients d'évaporation ($Wm^{-2}.mbar^{-1}$)			
	Convection naturelle	0,2 $m.s^{-1}$	0,4 $m.s^{-1}$	0,7 $m.s^{-1}$
Mannequin	6,6 ± 0,1	11,0 ± 0,4	11,5 ± 0,4	13,1 ± 0,5
Tête	7,3 ± 0,1	9,7 ± 0,3	10,2 ± 0,4	12,4 ± 0,5
Tronc	5,7 ± 0,2	13,8 ± 0,6	15,4 ± 0,8	16,8 ± 0,9
Membre inférieur gauche	7,4 ± 0,1	11,0 ± 0,4	12,9 ± 0,6	14,1 ± 0,6
Membre inférieur droit	6,6 ± 0,1	9,1 ± 0,4	10,0 ± 0,5	10,9 ± 0,6
Membre supérieur gauche	7,1 ± 0,2	13,8 ± 0,3	14,4 ± 0,3	15,1 ± 0,4
Membre supérieur droit	6,7 ± 0,1	12,2 ± 0,2	13,3 ± 0,3	13,9 ± 0,3

4.3.2. Calcul des coefficients d'évaporation en tenant compte des humidités affichées par le constructeur.

Les coefficients d'évaporation calculés pour l'ensemble du mannequin et pour chacun de ses segments sont groupés dans le tableau 4.7.

Tableau 4.7 : Coefficients d'évaporation du mannequin (h_e, $W.m^{-2}.mbar^{-1}$) et de chacun des segments en convection naturelle et forcée (vitesses d'écoulement de l'air comprises entre 0,2 et 0,7 $m.s^{-1}$).

Segments	Coefficients d'évaporation			
	Convection naturelle	0,2 $m.s^{-1}$	0,4 $m.s^{-1}$	0,7 $m.s^{-1}$
Mannequin	7,0 ± 0,1	11,7 ± 0,3	12,4 ± 0,4	14,1 ± 0,5
Tête	7,1 ± 0,1	9,3 ± 0,4	10,1 ± 0,4	12,2 ± 0,5
Tronc	5,6 ± 0,2	13,3 ± 0,7	14,9 ± 0,7	16,5 ± 0,9
Membre inférieur gauche	8,0 ± 0,2	11,8 ± 0,4	13,7 ± 0,5	15,2 ± 0,7
Membre inférieur droit	7,1 ± 0,1	9,8 ± 0,5	10,7 ± 0,6	11,8 ± 0,6
Membre supérieur gauche	8,7 ± 0,2	16,3 ± 0,3	17,5 ± 0,3	18,9 ± 0,4
Membre supérieur droit	8,1 ± 0,2	14,3 ± 0,3	15,9 ± 0,3	16,5 ± 0,4

Les coefficients d'évaporation ainsi calculés sont significativement différents (t_{27} = 4,34 ; p = 0,0002) de ceux tenant compte des humidités relatives réelles de l'air mesurées au dessus de la surface du mannequin.

4.4. Conclusion

Le but de notre étude était de réaliser une mouillure de surface totale afin d'évaluer expérimentalement le coefficient d'évaporation.

A notre connaissance, ce travail représente la première étude qui mesure directement et de manière expérimentale le coefficient d'évaporation d'un nouveau-né prématuré à partir d'un modèle. Seuls certains auteurs (Candas et al., 1979 ; Nelson et al., 1947 et Aikas et al., 1963) ont mesuré ce coefficient chez des sujets humains adultes exposés à des conditions thermohygrométriques sévères permettant d'obtenir une mouillure de surface cutanée totale. Chez les nouveau-nés une telle détermination reste impossible compte tenu du risque d'hyperthermie et de déséquilibre de la balance hydrominérale.

Toutes les études concernant l'évaluation de h_e chez des nouveau-nés ont été réalisées à partir de la mesure du coefficient de convection h_c. Les deux grandeurs h_c et h_e sont en effet liées par la relation mathématique de Lewis ($h_e =$ 1,67*h_c). En convection naturelle, le coefficient h_e mesuré dans notre étude (7 W.m^{-2}.mbar^{-1}) est très proche de celui calculé par Ultman et al. (1988) à partir d'un ellipsoïde en cuivre de 10,9 cm de diamètre simulant les pertes convective et radiative d'un nouveau-né (h_e = 7,5 W.m^{-2}.mbar^{-1}). De même, Leblanc (1987) évalue un coefficient de 7,7 W.m^{-2}.mbar^{-1}. Wheldon (1982) montre à partir d'un mannequin que cette valeur augmente de 6,7 à 9 W.m^{-2}.mbar^{-1} lorsque le modèle placé en position fœtale adopte une position étalée de type (bain de soleil) qui favorise les pertes thermiques. Apédoh et al. (1997) utilisant un mannequin simulant un enfant de 3300 g déterminent un coefficient d'évaporation de 8,2 W.m^{-2}.mbar^{-1} et une relation linéaire avec la vitesse d'écoulement de l'air : $h_e = 8,24 + 13,7 V_a^{0,72}$ ($0 < V_a < 0,7$ m.s^{-1}).

La comparaison entre ces différents coefficients reste difficile car les valeurs déduites du coefficient de convection h_c dépendent des formes géométriques, de la posture, des différents outils utilisés mais également de leurs températures de surface. En effet en convection naturelle le coefficient h_c (donc h_e) est surtout fonction de la différence entre la température de surface et celle de l'air.

Les résultats de notre étude montrent également que les coefficients locaux des échanges de chaleur par évaporation des segments périphériques et de la tête sont supérieurs à celui du tronc. Cette distribution se modifie dès que la vitesse d'écoulement de l'air augmente ; les coefficients du tronc et des membres supérieurs deviennent alors supérieurs à ceux de la tête et des membres inférieurs. Cette observation montre que la vitesse d'écoulement de l'air modifie la répartition des échanges évaporatoires locaux et par conséquent l'efficacité évaporatoire.

Enfin, nos résultats montrent qu'augmenter la vitesse de l'écoulement de l'air dans l'habitacle peut rapidement déséquilibrer le bilan thermique et hydrique de l'enfant. En effet toutes choses égales (mouillure cutanée, différence de pression partielle de vapeur d'eau entre la peau et l'air, vêture) une augmentation de la vitesse de l'air d'un flux convectif naturel à 0,2 m.s^{-1} augmente les pertes d'eau évaporatoires de 67 %, à 0,4 m.s^{-1} de 74,2 % et à 0,7 m.s^{-1} de 98,4 %. Le gain technique dû à une amélioration du contrôle thermohygrométrique et à la stabilité de l'ambiance thermique se traduit par une aggravation du risque de déséquilibre du bilan hydrique.

La comparaison entre les coefficients d'évaporation calculés en tenant compte des humidités affichées par le constructeur et ceux réellement mesurées au niveau du modèle montre que les valeurs « réelles » sont toujours inférieures à celles calculées à partir des valeurs indiquées. Le calcul de l'évaporation à l'aide de l'équation est donc toujours surestimé si l'on tient compte des valeurs affichées. Sur l'ensemble du mannequin, cette surestimation est de l'ordre de 6 à 8 %. Sur les parties centrales elle est de 1 à 4 % et atteint 7 à 8 % sur les membres inférieurs. La différence est surtout importante (17 à 25 %) sur les membres supérieurs. Ces résultats suggèrent qu'une ventilation de l'air transversale à l'axe principal du corps augmenterait de façon importante l'évaporation donc le refroidissement au niveau de ces segments corporels. Ceci pourrait engendrer un inconfort local. Cette hypothèse nécessite confirmation.

EVALUATION DE L'EFFICACITE THERMIQUE D'UNE PROTECTION PAR SAC POLYETHYLENE

5. Efficacité thermique d'un sac en polyéthylène chez des nouveau-nés prématurés à la naissance

Afin de réduire les pertes excessives d'eau à travers la surface cutanée des enfants placés dans des incubateurs fermés ou radiants, une des solutions courante en clinique est de les couvrir par un tunnel ou de les placer dans un sac plastique souple et transparent. Ainsi, Fanaroff et al. (1972) ont montré qu'un tunnel en plastique transparent placé dans un incubateur fermé réduisait les pertes en eau de 44 % chez les nouveau-nés d'un poids de naissance inférieur à 1250 g et d'âge postnatal inférieur à 10 jours. Selon ces auteurs, pour un âge postnatal supérieur à 10 jours, les pertes d'eau étaient seulement réduites de 19 %. Bell et al. (1980) ont également démontré que le tunnel plastique diminuait les pertes d'eau de 10 % dans un incubateur fermé durant les premiers jours de vie chez des enfants d'un poids moyen de 1570 g. Baumgart et al. (1981) ont constaté que sous des incubateurs radiants, la réduction des pertes en eau est plus importante lorsque l'on place un sac plastique mince (épaisseur : 0,013 mm) directement sur l'enfant (tête, tronc et extrémités) au lieu de le placer sous forme de tunnel à 34 cm au-dessus de sa surface cutanée. Une membrane mince semi-perméable est également efficace pour réduire et prévenir les pertes en eau (Knauth et al., 1989). En comparant une petite surface de peau couverte avec une autre adjacente mais nue sur le membre inférieur d'un nouveau-né d'âge gestationnel inférieur à 30 semaines, Mancini et al. (1994) ont montré que les pertes d'eau diminuaient de 57 % sur la surface cutanée couverte. En plaçant le nouveau-né dans une couverture faite de deux couches de plastique transparent, Marks et al. (1977) ont montré que les pertes d'eau transcutanée diminuaient de 70 % dans un incubateur fermé. Récemment, Vohra et al. (1999) ont montré qu'un sac en polyéthylène était très efficace pour réduire les pertes caloriques des nouveau-nés de très faible poids de naissance (914 g) placés sous des incubateurs radiants. Ce résultat a été confirmé par Björklund et al. (2000).

La plupart des études ont précisé qu'un sac plastique réduisait la perte de chaleur évaporatoire de la peau, mais la quantification précise de l'ensemble des différents échanges thermiques caractérisant le bilan thermique n'a jamais été faite. La plupart des études précédentes évaluent le stockage de chaleur dans le corps à partir de la température rectale ou de la consommation d'oxygène. Ces deux paramètres varient beaucoup d'un nouveau-né à l'autre ce qui peut masquer les petites variations de transferts thermiques. Par ailleurs, l'influence de la position du corps sur l'ensemble des échanges de chaleur du corps n'a jamais été évaluée alors que l'enfant peut être placé en décubitus ventral pour certains soins ou interventions

Le mécanisme par lequel un sac plastique réduit la perte d'eau des nouveau-nés résulte d'interactions complexes entre les paramètres physiques ambiants, le type de couverture utilisée et les facteurs physiologiques liés à l'âge postnatal et gestationnel. Par exemple, l'utilisation du sac plastique augmente la température cutanée moyenne et l'évaporation, mais diminue la production de chaleur métabolique ce qui réduit la perte d'eau du corps. Aucune étude ne considère l'ensemble de ces facteurs, et des investigations sont encore nécessaires pour déterminer l'efficacité nette d'une barrière plastique. La divergence dans les résultats rapportés dans la littérature peut expliquer pourquoi ce dispositif simple et peu coûteux n'est pas actuellement couramment utilisé dans les services de soins.

Le but de cette dernière étude était d'évaluer la modification de la répartition des différents échanges de chaleur et en particulier de l'évaporation transcutanée due à la mise en place d'un sac en plastique transparent (polyéthylène) autour d'un nouveau-né prématuré placé dans un incubateur fermé. Des essais ont été faits pour évaluer les pertes de chaleur de la tête. Chez les nouveau-nés, ces pertes peuvent représenter une proportion non négligeable des échanges caloriques totaux.

5.1. Matériel et méthode

Nous avons réalisé des évaporations similaires à celles observées dans les premiers jours de vie du nouveau-né prématuré. Pour cela, les six segments du mannequin étaient alimentés séparément par de l'eau maintenue à une température de 33 °C relativement proche de la température de surface des membres du mannequin de manière à ne pas induire une erreur sur la puissance due à un réchauffement de l'eau injectée. Des essais préliminaires ont montré que l'injection de 4,1 g et 3,7 g d'eau sur les surfaces dorsale et ventrale du mannequin représentaient respectivement, un taux d'évaporation de 89 et de 99 $g.h^{-1}.m^{-2}$. Le rapport entre ces évaporations et l'évaporation maximale mesurée dans le cas de mouillure de surface totale (dos : 297 $g.h^{-1}.m^{-2}$ et ventre : 335 $g.h^{-1}.m^{-2}$) lorsque le mannequin est nu, correspondait à une mouillure de surface comprise entre 29,5 et 30 %. Pour obtenir une mouillure uniforme sur chacun des segments, des masses d'eau calculées en fonction de leurs surfaces relatives ont été injectées. Ainsi, la quantité d'eau qui correspondait à 30 % de mouillure sur chaque segment en position ventrale et dorsale était respectivement de 1,2 g et 1,1 g pour la tête, de 0,9 g et 0,8 g pour le tronc, de 0,6 g et 0,5 g pour chaque membre inférieur et de 0,4 g et 0,4 g pour chaque membre supérieur.

L'eau était toujours injectée sur les parties supérieures des différents segments du mannequin quelle que soit les conditions expérimentales afin de permettre un étalement optimal du liquide.

5.2. Protocole expérimental

L'humidité relative et la température de l'air ainsi que la vitesse d'écoulement de l'air dans l'incubateur étaient respectivement fixées à 50 %, 33 °C et 0,01 m.s^{-1} (convection naturelle). Le mannequin nu ou couvert (sauf la tête), était placé sur le dos ou sur le ventre sur un matelas en plastique (épaisseur : 5 cm) dans l'incubateur fermé décrit au paragraphe (2.1.6). Le sac utilisé était en polyéthylène perméable aux rayonnements infrarouges, (GE Medical Systems, masse : 5 g; épaisseur : 50 μm, taille : 0.24×0.30 m). L'humidité et la température de l'air à l'intérieur du microclimat entre la surface du mannequin et la couverture plastique étaient mesurées grâce à des capteurs placés au-dessus des membres inférieurs, des parties gauche et droite du tronc.

Pour s'assurer qu'un état d'équilibre thermique était atteint, l'injection de l'eau sur la surface du mannequin était faite après un temps de stabilisation de 120 min, cette période d'équilibre permettait d'évaluer les pertes de chaleur sèche vers l'environnement ($R + C + K$). Après injection de l'eau sur la surface du mannequin, la puissance de chauffe (P) fournie au modèle permettait d'équilibrer les pertes de chaleur sèche et évaporatoire ($E + R + C + K$). La puissance fournie était mesurée dans un intervalle du temps où le contenu en eau dans le coton assurait une mouillure de surface de 30 %, c'est-à-dire pendant la période où l'évaporation restait stable. Les pertes de chaleur évaporatoire étaient calculées par la différence entre les deux puissances fournies pendant ces deux périodes distinctes.

Les expériences ont été effectuées en plaçant le mannequin en positions dorsale et ventrale et en entourant ce dernier ou non du sac en polyéthylène.

La surface de la tête en contact avec le matelas est de $5,2.10^{-3}$ m^2 pour la position dorsale face vers l'avant et de $9,5.10^{-3}$ m^2 pour la position ventrale face vers le côté. Pour chaque condition expérimentale, six mesures ont été effectuées.

5.3. Analyses statistiques

Les analyses statistiques sont identiques à celles décrites au paragraphe 3.2.1 du chapitre précèdent. Le seuil de significativité est réduit à 0,01.

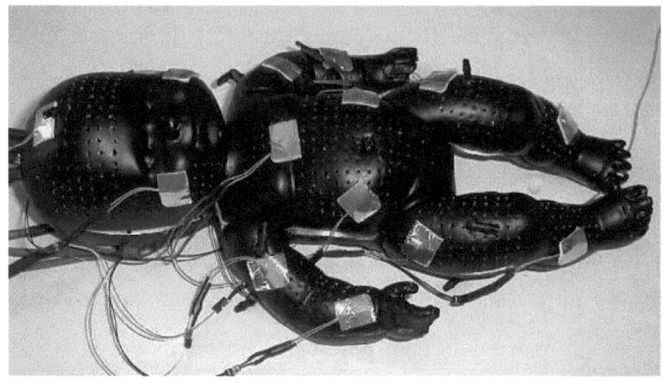

Figure 5.1 : Mannequin en position dorsale, nu (en haut) et placé dans le sac (en bas).

5.4. Résultats

L'analyse statistique montre que la mouillure de surface du mannequin calculée à partir du rapport entre l'évaporation observée et l'évaporation maximale ne diffère pas entre les deux positions de couchage (29,5 ± 2 % et 30 ± 1 % ; t_5 = 1,23 ; p = 0,37) quelle que soit les conditions expérimentales.

La température de surface moyenne du mannequin n'est pas significativement modifiée entre les deux positions de couchage (dos: 36,33 ± 0,02 °C; ventre: 36,32 ± 0,01 °C ; t_{299} = 0,67 ; p = 0,50) ou par la mouillure de surface (sèche : 36,35 ± 0,02 °C ; mouillée : 36,38 ± 0,04 °C ; t_{299} = 0,74 ; p = 0,60).

La variation temporelle de l'humidité de l'air du microclimat entre la surface du mannequin et le sac en polyéthylène est illustrée sur la figure 5.2. Le microclimat est rapidement saturé en vapeur d'eau (4 min après injection de l'eau) indépendamment de la position du mannequin. La température de l'air dans le microclimat est comprise entre 34 ± 0,1 °C avant l'injection de l'eau et 34,3 ± 0,1 °C après injection.

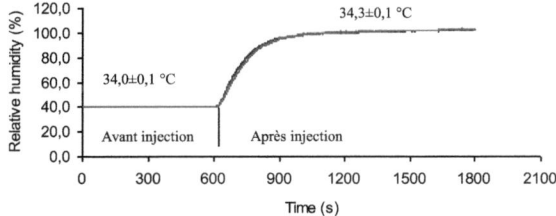

Figure.5.2: Variation de l'humidité relative de l'air dans le microclimat entre la surface du mannequin et le sac en plastique en fonction du temps avant et après injection de l'eau sur la surface du mannequin, en plaçant ce dernier en position dorsale et ventrale (les deux courbes se superposent). La température de l'air enregistrée dans le microclimat est également indiquée sur les courbes.

5.4.1. Pertes de chaleur de l'ensemble du mannequin

Le Tableau 5.1 montre la répartition des différents échanges de chaleur du mannequin. Les analyses statistiques indiquent qu'il n'y a pas d'effet significatif ($F_{1,5}$ = 0,779 ; p = 0,418) de la position de couchage sur les pertes de chaleur totales. Pour le mannequin nu ou couvert, la position de couchage ne change pas les pertes totales de chaleur du corps (t_5 = 1,85 ; p = 0,08, t_5 = 0,24 ; p = 0,810). Le sac réduit les pertes totales de chaleur ($F_{1,5}$ = 1480 ; p < 0,0001) en positions dorsale (-3,9 W, t_5 = 8,16; p < 0,0001) et ventrale (-4,7 W, t_5 = 9,78; p < 0,0001).

En ce qui concerne les échanges de chaleur sèche, il n'y a pas d'effet significatif de la posture ($F_{1,5}$ = 5,27 ; p = 0,07). Par contre le sac réduit légèrement ces pertes ($F_{1,5}$ = 21,92 ; p = 0,0054), en positions ventrale (-0,4 W, t_5 = 3,7 ; p = 0,002) et dorsale (-0,5 W, t_5 = 3,2 ; p = 0,005).

Le sac réduit la perte de chaleur évaporatoire ($F_{1,5}$ = 269,5 ; p < 0,0001) indépendamment de la position du corps (position ventrale : -3,5 W, t_5 = 12,65 ; p < 0,001, position dorsale : -4,2 W, t_5 = 11,44 ; p < 0,001). La position de couchage n'a pas d'effet significatif sur l'évaporation ($F_{1,5}$ = 0,81 ; p = 0,409). Pour le mannequin nu ou couvert, les pertes de chaleur évaporatoire ne diffèrent pas entre les deux positions de couchage (t_5 = 1,5 ; p = 0,143 et t_5 = 0,31 ; p = 0,756).

Tableau 5.1 : Echange de chaleur (en W) entre la surface du mannequin et l'environnement pour les deux positions de couchage dorsale et ventrale du modèle.

Pertes de chaleur	Dorsale		Ventrale	
	Nu	Couvert	Nu	Couvert
Totale	13,8 ± 1,1	9,1 ± 0,5	12,9 ± 0,9	9,0 ± 0,4
Sèche	7,8 ± 0,2	7,3 ± 0,4	7,5 ± 0,4	7,1 ± 0,2
Evaporatoire	6,0 ± 0,9	1,8 ± 0,4	5,4 ± 1,0	1,9 ± 0,4

5.4.2. Pertes de chaleur de la tête

L'analyse statistique indique qu'il n'y a pas d'effet significatif de la position du mannequin et du placement du sac sur les pertes de chaleur totales ($F_{1,5} = 3,97$; p = 0,103 et $F_{1,5} = 1,14$; p = 0,333) et évaporatoire ($F_{1,5} = 0,57$; p = 0,483 et $F_{1,5} = 0,06$; p = 0,815) de la tête. Par contre il y a un léger effet de la position de couchage du mannequin et du sac sur les pertes sèches de la tête ($F_{1,5} = 7,03$; p = 0,045 et $F_{1,5} = 14,12$; p = 0,013) (Tableau 5.2). Pour le mannequin nu, les pertes de chaleur de la tête représentent respectivement 34,1 et 33 % par rapport aux pertes de chaleur totales pour la position ventrale et dorsale. Ce pourcentage augmente jusqu'à 51 % quand le mannequin est placé dans le sac.

Tableau 5.2 : Echange de chaleur (en W) entre la surface de la tête du mannequin et l'environnement pour les deux positions de couchage dorsale et ventrale du modèle.

Pertes de chaleur	Dorsale		Ventrale	
	Nu	Couvert	Nu	Couvert
Totale	$4,6 \pm 0,3$	$4,7 \pm 0,2$	$4,4 \pm 0,2$	$4,6 \pm 0,2$
Sèche	$2,8 \pm 0,1$	$3,0 \pm 0,1$	$2,6 \pm 0,1$	$2,8 \pm 0,1$
Evaporatoire	$1,8 \pm 0,3$	$1,7 \pm 0,3$	$1,8 \pm 0,1$	$1,8 \pm 0,2$

5.5. Discussion

Cette étude évalue le gain net d'une couverture en polyéthylène sur le stockage de chaleur du corps et sur l'évaporation transcutanée observée chez les nouveau-nés de faible masse corporelle dès les premiers jours de vie lorsque les pertes d'eau sont excessives. A la naissance, les enfants sont couverts de liquide amniotique dont la distribution sur la surface des différents segments du corps est pratiquement uniforme. Le modèle utilisé dans cette étude tient compte de l'hétérogénéité thermique du corps et de l'uniformité de la mouillure de surface des différents segments.

En ce qui concerne le microclimat entre la surface du mannequin et le sac en plastique, l'air atteint rapidement un état de saturation (HR = 100 %). Le microclimat correspond à une couche d'air saturé qui empêche l'évaporation de l'eau de la surface du mannequin. Celle-ci se fait donc uniquement au niveau de la surface découverte de la tête. La température de l'air à l'intérieur du microclimat (34,3 °C) est plus grande que celle enregistrée dans l'incubateur (33 °C). La couverture empêche également la circulation de l'air au dessus de la surface du mannequin. Ceci, réduit les pertes de chaleur convective entre le corps et l'environnement. L'efficacité nette du sac en plastique est très significative en ce qui concerne la perte de chaleur totale du mannequin. Cette efficacité est principalement due à une diminution de la perte de chaleur par évaporation, car la perte de chaleur par convection est uniquement réduite de 5,9 %.

Les pourcentages de réduction d'évaporation mesurés dans cette étude (position dorsale : - 70 %, position ventrale : - 64 %) sont comparables à ceux trouvés par Mancini et al. (1994) et par Marks et al. (1977) chez des nouveau-nés de faible poids de naissance élevés dans des incubateurs fermés (-57 % et -70 %, respectivement). Baugmart et al. (1981) ont également montré en utilisant un sac plastique transparent que les pertes d'eau évaporatoires diminuaient de 50 %. Ces réductions sont plus grandes que celles rapportées par Fanaroff et al. (1972) et par Bell et al. (1980) et qui sont d'environ 25 et 10 % chez des nouveau-nés placés sous un tunnel plastique (heat-shield) dans un incubateur fermé.

Contrairement au tunnel plastique, le sac utilisé dans notre étude est placé autour du mannequin, ce qui permet d'éliminer la circulation de l'air et d'augmenter rapidement l'humidité de l'air dans le microclimat (4 min dans la présente étude) et par conséquent provoque une chute rapide des pertes évaporatoires. La réduction des pertes d'eau estimée dans cette étude est comprise entre 5,4 et 6,7 $g.kg^{-1}.h^{-1}$. Ces valeurs doivent être prises en compte dans les procédures de réhydratation des enfants prématurés. (Wu et al., 1974) ont rapporté que pour réhydrater des nouveau-nés de poids de naissance inférieur à 1000 g il faut leur fournir 2,7 g.kg^{-1}.h^{-1}. Fanaroff et al. (1972) ont recommandé l'ingestion d'une quantité d'eau comprise entre 4,2 et 5 g.kg^{-1}.h^{-1} dans le second jour de vie pour des nouveau-nés de poids de naissance inférieur à 1250 g. Notre étude précise qu'un sac en polyéthylène pourrait être utile pour éviter la déshydratation des nouveau-nés de petit âge de naissance dans les premiers jours de vie.

Le sac en polyéthylène permet également un gain de chaleur compris entre 30 % et 34 %. Selon l'équation décrivant le stockage de chaleur du corps $\Delta S = m_b.c_p.\Delta T_b$ (ΔS est le stockage de chaleur du corps en W, m_b est la masse du corps en kg, c_p est la chaleur spécifique de tissu corporel = 3553 J.kg^{-1}.°C^{-1} = 1 W.h.kg^{-1}.°C^{-1}) et ΔT_b est la variation de température corporelle (°C.h^{-1}), le gain dû au sac empêche une chute de température de 4,5 et 5,4 °C.h^{-1} respectivement en positions ventrale et dorsale. Ceci confirme les résultats de Vohra et al. (1999) qui ont démontré que l'utilisation d'un sac en polyéthylène augmentait la température rectale des nouveau-nés de 1,9 °C sur une période de 16 minutes correspondant à la durée du transfert entre la salle d'accouchement et le centre de réanimation soit 7,1 °C.h^{-1}.

Pour un mannequin nu ou couvert, les pertes totale, évaporatoire et sèche ne sont pas différentes entre les positions dorsale et ventrale, ce qui indique qu'il n'y a pas de risque de stress thermique dû à la position de couchage. En ce qui concerne les pertes de chaleur sèche, les résultats de notre étude confirment ceux trouvés par Elabbassi et al. (2001) sur un mannequin thermique représentant un nouveau-né de poids de naissance de 1400 g.

Peu d'études ont analysé le rôle de la surface de la tête dans la dissipation de perte de chaleur totale du corps. Pour un mannequin nu, la perte de chaleur locale de la tête représente 33-34,1 % par rapport à la perte de chaleur totale du corps. Cette valeur est proche de la surface de la tête calculée par rapport à la surface totale du corps (28 %). Pour un mannequin couvert, la perte de chaleur de la tête représente 51 % par rapport à la perte de chaleur totale du corps. Ce segment devient donc la région principale de la dissipation thermique. Ceci suggère qu'un stress thermique pourrait rapidement se produire quand un sac en plastique enveloppe un nouveau-né dont la tête est couverte avec un bonnet isolant.

En conclusion, l'importance clinique de ces résultats est évidente puisque l'hypothermie peut rapidement apparaître à la naissance dans les premières heures de la vie. Cette étude précise qu'un sac en polyéthylène est rapidement efficace pour augmenter le stockage de chaleur du corps mais aussi pour réduire le risque de déshydratation corporelle par une diminution de la perte d'eau cutanée vers l'environnement. Ainsi, cette solution simple et peu coûteuse peut être utile pour des petits nouveau-nés prématurés lorsqu'elle est appliquée immédiatement à la naissance ou dans les premières heures de vie. Elle permet d'éviter une déshydratation précoce et un stress thermique dû à l'hypothermie.

CONCLUSION GENERALE

6. Conclusion générale

Compte tenu du taux de mortalité élevé des nouveau-nés prématurés dont la température corporelle chute rapidement dès la naissance, la compréhension des mécanismes permettant le maintien de l'homéothermie est essentielle, notamment dans le but d'améliorer la survie et la croissance des enfants et le fonctionnement des incubateurs. Pour le nouveau-né, les systèmes régulant l'équilibre thermique entre le corps et l'environnement sont immatures et instables, et le maintien de l'homéothermie est difficile. L'enfant doit donc être placé dans un incubateur où les paramètres de l'ambiance thermique sont rigoureusement contrôlés afin d'assurer un environnement thermique neutre où les mécanismes thermorégulateurs coûteux en énergie ne sont pas activés.

La quantification et la répartition des différents types d'échanges de chaleur du nouveau-né permettent de mieux connaître et donc d'améliorer le contrôle de l'environnement thermique dans l'incubateur afin d'assurer à l'enfant un développement optimal et d'augmenter ses chances de survie.

Les travaux déjà effectués dans notre unité étaient limités aux échanges de chaleur sèche par conduction, convection et rayonnement. Le travail présenté dans ce mémoire propose de simuler l'ensemble des pertes de chaleur et en particulier les pertes d'eau transcutanées sur un mannequin thermique simulant un nouveau-né prématuré de 900 g.

La perte d'eau évaporatoire des nouveau-nés prématurés dépend de divers facteurs tels que l'âge de gestation, l'état alimentaire, la température cutanée moyenne, l'équilibre hydrominéral du corps, l'état de vigilance, le métabolisme et l'âge postnatal qui modifie l'état de kératinisation de la peau. Il est donc difficile d'obtenir des données homogènes qui tiennent compte de l'ensemble de ces facteurs notamment à un âge où la maturation fonctionnelle de l'enfant est très rapide. Le mannequin permet de mesurer directement les échanges thermiques avec l'environnement sans interférences avec les autres facteurs. Il permet d'éviter la variabilité interindividuelle qui est particulièrement importante chez les enfants prématurés ainsi que les contraintes éthiques. Par contre, le modèle conçu ne permet pas de simuler les réponses adaptatives de la thermorégulation, c'est à dire la modification de la production de chaleur métabolique, la vasomotricité, les pertes évaporatoires à travers les voies respiratoires, et les réactions comportementales de l'enfant.

La comparaison des pertes de masse en eau du mannequin entier et de chacun de ses segments mesurées par une balance de haute précision avec celles calculées par la puissance pour différentes mouillures et conditions thermohygromètriques dans l'incubateur permet d'éviter les mesures avec une balance qui peut être à l'origine d'une erreur lors de changement transitoire de l'ambiance thermohygrométrique.

Le mannequin a été validé à partir du calcul de la chaleur latente de vaporization de l'eau dont la valeur déterminée expérimentalement est comparable à la constante physique de la littérature.

Contrairement aux autres études qui ont calculé indirectement le coefficient d'échange par évaporation à partir du coefficient d'échange par convection, dans cette étude nous avons mesuré expérimentalement le coefficient d'échange par évaporation. La comparaison des résultats obtenus avec les valeurs de la littérature permet de conclure que nos résultats sont fiables et qu'on peut utiliser notre mannequin pour la mesure des transferts thermiques.

La comparaison entre le coefficient d'évaporation calculé dans des conditions hygrométriques réellement mesurées autour du modèle et celui calculé dans des conditions indiquées par le constructeur a permis de quantifier l'erreur commise sur ce coefficient et par conséquent l'erreur sur le bilan hydrique de l'enfant. Nous avons également pu quantifier l'importance de la vitesse d'écoulement de l'air dans l'habitacle. La convection forcée permet probablement d'améliorer le contrôle thermohygrométrique dans l'incubateur mais elle peut avoir des conséquences néfastes dramatiques sur les pertes en eau en accélérant la déshydratation corporelle.

Le modèle a également permis de répondre à une préoccupation médicale consistant à quantifier l'efficacité thermique d'un sac en polyéthylène (utilisé en réanimation) à la naissance et pendant les premiers jours de vie. L'analyse a montré que dans un incubateur fermé, un sac en polyéthylène est rapidement efficace en augmentant le stockage de chaleur du corps par une réduction de la perte d'eau évaporatoire vers l'environnement. Il permet également d'éviter une déshydratation excessive du corps.

Enfin, nous avons confirmé l'importance de la surface de la tête dans la régulation thermique du nouveau-né. Ce segment corporel occupe une place privilégiée dans le maintien de l'homéothermie corporelle des enfants nés prématurés.

BIBLIOGRAPHIE

Bibliographie

1. *Adamson SK Jr and Towell ME.* Thermal homeostasis in the fetus and newborn. *Anesthesiology*, 26:531-548, Jul-Aug 1965.

2. *Aikas E, and Piironen R.* Thermal exchange of the human body in extreme heat. Technical document report. NO. AMRL-TDR-63-68, USAF Aerospace Medical Reasearch Laboratories, Wright-Patterson Air Force Base, Ohio.

3. *Apédoh A, Hajajji A, Telliez F, Boufferache B, Libert JP, and Rachid A.* Mannequin-assessed dry heat exchanges in the incubator-nursed newborn. Biomed Instrum Technol, 33: 446-454, 1999.

4. *Aynsley-Green A, Roberton NR, and Rolfe P. Air temperature recording in infant incubators. Arch Dis Child,* 50(3): 215-219, Mar 1975

5. *Bach V, Telliez F, Zoccoli G, Lenzi P, Leke A, and Libert JP.* Interindividual differences in the thermoregulatory response to cool exposure in sleeping neonates. *Eur J Appl Physiol*, 81(6): 455-462, 2000.

6. *Baumgart S, Engle WD, Fox WW and Polin RA.* Effect of heat shielding on convective and evaporative heat losses and on radiant heat transfer in the premature infant. *J Pediatr*, 99: 948-956, 1981.

7. *Baumgart S.* Current concepts and clinical strategies for managing low-birth-weight infants under radiant warmers. *Med Instrum*, 21(1): 23-28, 1987.

8. ***Belding HS.*** Protection against dry cold. In: Newburgh L ed. Physiology of heat regulation and the science of clothing. Philadelphia: Saunders, pp351-367, 1949.

9. ***Belgaumkar TK, and Scott KE.*** Effect of low humidity on small premature infants in servocontrol incubators, *Biol Neonate*, 26: 337- 347, 1975.

10. ***Bell EF, Weinstein MR and Oh W.*** Heat balance in premature infants: comparative effects of convectively heated incubator and radiant warmer, with and without plastic heat shield, *J Pediat*, 96: 460-465, 1980.

11. ***Bell EH, and Rios GR.*** A double-walled incubator alters the partition of body heat loss of premature infants. *Pediatr Res*, 17: 135-140, 1985.

12. ***Binnert Y, Jaeggy F, Lecarpentier D, Libert JP, Candas V, and Vogt JJ.*** Determination, on a physical model, of global and local coefficients of heat exchange by convection; influence of posture. *Arch Sci Physiol* (Paris) French, 27(2): 35-43, 1973.

13. ***Björklund L and Hellström-Westasl.*** Reducing heat loss at birth in very preterm infants. *J Pediatr*,137: 739-740, 2000.

14. ***Brück K, Parmelee AH, and BrüCK M.*** Neutral temperature range and range of thermal comfort' in premature infants. *Biol Neonate*, 4: 32-51, 1962.

15. ***Brück K.*** Temperature regulation in the newborn. *Biologia Neonaturum,* 3:65-119, 1961.

16. *Buetow KC, and Klein SW.* Effect of maintenance of "normal" skin temperature on survival of infants of low birth weight. *Pediatrics*, 34: 163-70 Aug, 1964.

17. *Candas V, Libert JP, and Vogt JJ.* Influence of air velocity and heat acclimation on human skin wettedness and sweating efficiency. J. *Appl. Physiol*, 47(6): 1194-1200, 1979.

18. *Chapple* CC. An incubator for infants. *Am J Obstet Gynecol,* 34: 1062-1065, *1938.*

19. *Clark RP, Cross KW, Goff MR, Mullan BJ, Stothers JK, and Warner RM.* Neonatal natural and forced convection [proceedings]. *J Physiol*, 284: 22P-25P,Nov,1978.

20. *Credé C.* Übererwärmungs deräthe für Frühgeborne and Schwächliche Kleine. *Arch Gynäcol* 128-147, 1884.

21. *Dahm LS, and James LS.* Newborn temperature and calculated heat loss in the delivery room. *Pediatrics,* 49(4): 504-513, Apr,1972.

22. *Darnall RA.* The thermophysiology of the newborn infant. *Med Instrum,* 21(1): 16-22. Feb,1987.

23. *Dawkin MJ and Scopes JW.* Non shivering thermogenesis and brown adipose tissue in the human newborn infant, *Nature,*206: 201-202, 1965.

24. *Day RL, Caliguiri L, Kamenski C, and Ehrlich F.* Body temperature and survival of premature infants. *Pediatrics*, 34: 171-81, Aug,1964.

25. *Day RL,* Respiratory metabolism in infancy and childhood. XXVII. Regulation of body temperature of premature infants. Amer. J. DIS. Child, 65 : 376-398, 1943.

26. *Denucé JLP.* Note sur quelques fait de pratique chirugicale: berceau incubateur pour les enfants nés avant terme. *J Med Bordeaux*, p: 723-724, 1857.

27. *Ede*, 1967, Cité par Y-Houdas et J. D. Guieu. Physiologie humaine, la fonction thermique. Simaep-édition 1977.

28. *Elabbassi EB, Bach V, Makki M, Delanaud S, Telliez F, Leke A and Libert JP.* Assessment of dry heat exchanges in newborns: influence of body position and clothing in SIDS. J *Appl Physiol*, 91: 51-56, 2001.

29. *Elabbassi EB, Belghazi K, Delanaud S and Libert JP.* Dry heat loss in incubator: comparison of two premature newborn sized manikins. *J Appl Physiol,* 92: 679-682, 2004.

30. *Elabbassi EB, Chardon K, Bach V, Telliez F, Delanaud S, and Libert JP.* Head insulation and heat loss in naked and clothed newborns using thermal mannequin. *Med Phys*, 29(6): 1090-1096. Jun, 2002.

31. *Fanaroff AA, Wald M, Gruber HS and Klaus MH.* Insensible water loss in low birth weight infants. *Pediatrics,* 50(2): 236-245, Aug,1972.

32. *Fourier J.* Théorie analytique de la chaleur, 1822.

33. *Frankenberger RT, Bussmann O, Nahm W, and Konecny E.* Model for simulation of heat loss by premature infants. *Biomed Tech (Berl)* German.;43(5):137-43, May, 1998.

34. *Freitas de Amorin M, Farges G, Villon P, Libert JP, and Cevallos L.* Système de contrôle actif d'humidité dans un incubateur. *R B M*, 17(1): 36-40, 1995.

35. **Gagge A.P., Hardy J.D.** Thermal radiation exchanges of the human by partitional calorimetry. *J. appl. Physiol*, 23: 248-258. 1967.

36. *Goldman RF* Historical review of development in evaluating protective clothing with respect to physiological tolerance: *Aspects médicaux et biophysiques des vêtements de protection, Lyon-Bron. Centre de Recherches du Service de Santé des Armées,* 169-174, 1983.

37. *Hammarlund K, and Sedin G.* Water evaporation and heat exchange with the environment in newborn infants. *Acta Paediatr Scand* Suppl, 305: 32-5, 1983.

38. *Hammarlund K, Nilsson GE, Oberg PA, and Sedin G.* Transepidermal water loss in newborn infants. I. Relation to ambient humidity and site of measurement and estimation of total transepidermal water loss. *Acta Paediatr Scan*, 66: 553-562, 1977.

39. *Hammarlund K, Sedin G, and Stromberg B.* Transepidermal water loss in newborn infants. VIII. Relation to gestational age and post-natal age in

appropriate and small for gestational age infants. *Acta Paediatr Scand,* 72(5): 721-728, Sep 1983.

40. **Hammarlund K, Stromberg B and Sedin G.** Heat loss from the skin of preterm and full-term newborn infants during the first weeks after birth. *Biol Neonate,* 50: 1-10, 1986.

41. **Hasegawa T, Horio H, Okino H, Taylor TW and Yamaguchi T,** Three-dimensional visualization of air flow in infant incubators using computational fluid mechanics, *Biomed. Instrum. Technol,* 27: 311-317, 1993.

42. **Hey EN and Katz G.** Evaporative water loss in the newborn body. *J. Physiol* (London), 207: 683-698, 1969.

43. **Hey EN, and Katz G.** Temporary loss of a metabolic response to cold stress in infants of low birthweight. *Arch Dis Child,* 44(235): 323-30, Jun,1969.

44. **Hey EN, and Katz G.** The optimum thermal environment for naked babies. *Arch Dis Child,* 45:328-34, 1970.

45. **Hey EN, Katz G and O'Connell.** The total thermal insulation of the newborn baby, *J. Physiol,* 207: 683-698, 1970.

46. **Hey EN.** The care of babies in incubators," in Recent Advances in *Pediatrics,* (D. Gairdner and D. Hull, Eds, 4th ed. Churchill, London, pp: 171-216, 1971.

47.*Hilpert, cité par Houdas Y et Guieu J.D.* physiology humaine, la fonction thermique. Simaep-édition,1977.

48.*Holmér I.* Thermal manikin history and applications. European journal of Applied Physiology 92: 614-618, 2004.

http://www-gap.dcs.st-and.ac.uk/~history/Chronology/1820_1830.html#1822

49.*Hull D and Smales ORC.* Temperature regulation and energy metabolism in the newborn. London: Edited by Sinclair JC, chap 5, Heat production in the newborn, 129-156, 1978.

50.*Hull D.* Temperature regulation and disturbance in the newborn infant. *Clin Endocrino Met,* 5: 39-54, 1976.

51.*Knauth A, Gordin M, McNelis W and Baumgart S*. A semipermeable polyurethane membrane as an artificial skin in premature neonates. *Pediatrics*, 83: 945-950, 1989.

52.*LeBlanc MH.* The physics of thermal exchange between infants and their environment. *Med Instrum.*, 21: 11-4. 1987.

53.*Lewis, 1922, cité par Kreith F.* Transmission de chaleur et thermodynamique. *Masson et Cie,* Paris, 1967.

54.*Lyon AJ, Pikaar ME, Badger P and Mc Intosh N.* Temperature control in low birth weight infants during the first five days of life. *Arch Dis Child*, 76: 47-50, 1997.

55. *Mancini AJ, Sookdeo-Drost S, Madison KC, Smoller B and Lane AT.* Semipermeable dressings improve epidermal barrier function in premature infants. *Pediatr Res*, 36: 306-314, 1994.

56. *Mann TP, and Elliot RIK.* Neonatal cold injury due to exposure to cold. *Lancet*, 1, 229-234, 1957.

57. *Marks KH, Devenyi AG, and Bello ME.* Thermal head wrap for infants. *J Pediatr*, 107: 956-959, 1985.

58. *Marks KH, Friedman Z and Maisels MJ.* A simple device for reducing insensible water loss in low-birth-weight infants. *Pediatrics*, 60: 223-226, 1977.

59. *Marks KH.* Incubators. *Med. Instrum*, 21, 29-32, 1987.

60. *McCullough EA, and Wyon DP.* Insulation characteristics of winter and summer indoor clothing. *ASHRAE Trans.*, 89: 614-33, 1983.

61. *Missenard FA.* Coefficient of heat exchange of the human body by convection, as a function of position, of the subject's activity and of the environment. *Arch Sci Physiol* (Paris), 27(2): 45-50, 1973.

62. *Nelson N, Eichna LN, Horvath SM, Shelly WB and Hatch TF.* Thermal exchanges of man at high temperatures. *Amer. J. Physiol*,151, 626, 1947.

63. *Nessmann C and Baverel F.* Le développement de la peau chez l'embryon et le foetus humain. *Journal de gynécologie et d'obstétrique, Biologie et Reproduction*,1: 527-550, 1972.

64.*Nishi Y, and Gagge AP.* Moisture permeation of clothing, a factor governing equilibrium and comfort. *Ashrae Trans*,76: 137-145, 1970.

65.*Okken A, Bligham G, Franz and W, Bohn E.* Effects of forced convection of heated air on insensible water loss and heat loss in preterm infants in incubators. *J. Pediatr*, 101 (1) : 108-112, 1982.

66.*Oohori T, Berglund LG and Gagge AP.* Comparison of current two parameter indices of vapour permeation of clothing as factors governing thermal equilibrium and human comfort. *ASHRAE Transactions*, 90(2A), 85-101, 1984.

67.*Perlstein PH, Edwards NK, Atherton HD, and Sutherland JM.* Computer-assisted newborn intensive care. *Pediatrics*, 57(4): 494-501, Apr, 1976.

68.*Perlstein PH, Hersh C, Glück CJ and Sutherland JM.* Adaptation to cold in the first three days of life, Pediatrics 54, 411-416, 1974.

69.*Ryser G, and Jequier E.* Study by direct calorimetry of thermal balance on the first day of life. *Eur J Clin Invest,* 2(3): 176-87, Mar, 1972.

70.*Sarma I, Can G and Tunell R.* Rewarming preterm infants on a heated, water filled mattress. *Arch. Dis. Child*, 64: 687-692, 1989.

71.*Sarman I, Bolin D, Holmer I, and Tunell R.* Assessment of thermal conditions in neonatal care: use of manikin of premature baby size. *Am J Perin*, 9: 239-246, 1992.

72.*Sauer PJ, Dane HJ, and Visser HK.* Influence of variations in the ambient humidity on insensible water loss and thermoneutral environment of low birth weight infants. *Acta Paediatr Scand,* 73(5):615-9, Sep, 1984.

73.*Sedin G, Hammarlund K, Nilsson GE, Stromberg B, and Oberg P.* Measurements of transepidermal water loss in newborn infants. *Clin Perinatol,* 12(1): 79-99, Feb, 1985.

74.*Silverman WA, Sinclair JC, and Agate FJ Jr.* The oxygen cost of minor changes in heat balance of small newborn infants. *Acta Paediatr Scand,* 55(3): 294-300, May, 1966.

75.*Stolwijk JAJ, and Hardy JD.* Skin and subcutaneous temperature changes during exposure to intense thermal radiation. *J Appl Physiol,* 20(5):1006-13, Sep, 1965

76.*Stothers JK, and Warner RM.* Thermal balance and sleep state in the newborn, *Early Hum Dev,* 9: 313-322, 1984.

77.*Stothers JK.* Head insulation and heat loss in the newborn. *Arch Dis Child,* 56: 530-534, 1981.

78.*Stothers JK.* The effect of forced convection on neonatal heat loss. *J Physiol,* 305: 77-79, 1980.

79.*Swyer PR.* Heat loss after birth, in Temperature Regulation and Energy Metabolism in the Newborn, Sinclair, JC, Ed. Grune and Stratton, New York, p:91-127, 1978.

80. *Tanabe S, Arens EA, Bauman FS, Zhang H, and Madsen TL.* Evaluating thermal environments using thermal manikin with controlled surface skin temperature. *ASHRAE Trans,* 100: 39-48, 1994.

81. *Tarnier S, and Budin S. (1880).* De la Couveuse pour Infants" by A. Auvard (1855-1941), *Archives de Tocologie des Maladies des Femmes et des Enfants,* 10:577-609, October 1883.

82. *Telliez F, Bach V, Krim G, and Libert JP.* Consequences of a small decrease of air temperature from thermal equilibrium on thermoregulation in sleeping neonates. *Med Biol Eng Comput* 35: 516-520, 1997.

83. *Thompson MH, Sthoters J, and Mclellan NJ.* weight and water loss in the neonate in natural and forced convection. *Arch. Dis. Child,* 59: 951-956,1984.

84. *Trounce JQ, Lowe J, Lloyd BW, and Johnston DI.* Haemorrhagic shock encephalopathy and sudden infant death. Lancet,337: 202-203, 1991.

85. *Ultmann JS, Berman S, Kivlin P, Vreslovic JM, Baer CB, and Marks KH.* Electrically heated simulator for relative evaluation of alternative infant incubator environments. *Med Instrum,* 22: 33-38, 1988.

86. *Vohra S, Frent G, Campbell V, Abbott M and Whyte R.* Effect of polyethylene occlusive skin wrapping on heat loss in very low-birth-weight infants at delivery: a randomized trial. *J Pediatr,*134: 547-551, 1999.

87. *Vohra S, Frent G, Campbell V, Abbott M and Whyte R.* Effect of polyethylene occlusive skin wrapping on heat loss in very low-birth-weight infants at delivery: a randomized trial. *J Pediatr*,134: 547-551, 1999.

88. *Wheldon AE.* Energy balance in a newborn baby: use of a manikin to estimate radiant and convective heat loss. *Phys Med Biol*, 27: 285-296, 1982.

89. *Wissle EH.* Comparison of results obtained from two mathematical models – a simple 14 node model and a complex 250-node model. *J Physiol* (Paris) 63: 455-458, 1970.

90. *Wu PYK and Hodgman JE.* Insensible water loss in preterm infants: changes with postnatal development and nonionizing radiant energy. *Pediatrics,* 54: 704-712, 1974.

91. *Wyon DP.* Use of thermal manikins in environmental ergonomics. *Scand J Environ Health* 15 (Suppl 1): 84-94, 1989.

UNITES ET SYMBOLES

UNITES ET SYMBOLES

M : production de chaleur métabolique, $W.m^{-2}$.

R : échange de chaleur par rayonnement, $W.m^{-2}$.

C : échange de chaleur par convection, $W.m^{-2}$.

C_i : échange de chaleur par convection interne, W.

C_{res} : chaleur convective perdue par les voies respiratoires, W.

K : échange de chaleur par conduction, $W.m^{-2}$.

K_i : échange de chaleur par conduction interne $W.m^{-2}$.

E : perte de chaleur par évaporation, $W.m^{-2}$.

E_{res} : pertes évaporatoires par les voies respiratoires, $kJ.h^{-1}$.

S : chaleur stockée, $W.m^{-2}$.

Φ : flux de rayonnement total émis, W.

$\dot{Q}_c$: flux de chaleur échangée par convection, W.

$\dfrac{dQ}{dt}$: flux d'énergie conductive (W)

Q_p : puissance de chauffe de la sphère polie, $W.m^{-2}$.

Q_g : puissance de chauffe de la sphère noire, $W.m^{-2}$.

h_k : coefficient de transfert de chaleur par conduction, $W.m^{-2}.°C^{-1}$.

h_c : coefficient de transfert de chaleur par convection, $W.m^{-2}.°C^{-1}$.

h_r : coefficient de transfert de chaleur par rayonnement, $W.m^{-2}.°C^{-1}$.

h_e : coefficient de transfert de chaleur par évaporation, $W.m^{-2}.kPa^{-1}$.

h_D : coefficient de transfert de masse, $m.s^{-1}$.

A_D : surface corporelle, m^2 ;

A_k : surface de section de la barre, m^2.

A_c : surface de contact du corps, m^2 ;

A : surface totale du corps, m^2 ;

A_r : surface cutanée échangeant par rayonnement, m^2 ;

A_e : surface d'évaporation, m^2.

A_k : fraction de surface cutanée du nouveau-né en contact avec le matelas, m^2.

A_W : surface cutanée mouillée par la sueur, m^2.

L : dimension géométrique définissant la surface d'échange, m.

d : dimension géométrique définissant la surface d'échange, m.

w : mouillure, %.

dA_1, dA_2 : élément de surface du nouveau-né et des parois, m^2.

dS : élément de surface, m^2.

$Area_i$: surface cutanée de chaque site corporel, m^2.

τ : durée de chauffe, s.

c : chaleur massique de l'air, J.kg^{-1}.°C^{-1}.

c_p : chaleur spécifique (J.kg^{-1}.°C^{-1}).

c_{pa} : chaleur spécifique relative à l'air humide (J.kg^{-1}.°C^{-1}).

D_w : coefficient de diffusion massique de la vapeur d'eau dans l'air (W.m^{-1}.°C^{-1})

λ_t : conductivité thermique des tissus, W.m^{-1}.°C^{-1}.

λ_k : conductivité thermique, W.m^{-1}.°C^{-1}.

λ : conductivité thermique, W.m^{-1}.°C^{-1}.

W_t : masse du corps, kg.

ρ : densité du tissu, kg.m^{-3}.

k : conductivité thermique du matériau, W.m^{-1}.°C^{-1}.

e : épaisseur du matelas, m.

ρ_s : masse volumique du sang, kg.l^{-1}.

$\rho_{H2O,S}$: densité massique du côté liquide, g.m^{-3}.

$\rho_{H2O,a}$: densité massique du côté aérien, g.m^{-3}.

ρ : masse volumique de l'air, g.m^{-3}.

M : masse molaire, g.mol^{-1}.

σ : constante de *Stefan-Boltzmann* = 5,67.10^{-8} W.m^{-2}.K^{-4}.

ε : coefficient d'émissivité = 0,95, sans dimension (s.d.).

ε_p : coefficient d'émissivité de la sphère polie = 0,15, s.d.

ε_g : coefficient d'émissivité de la sphère noire = 0,95, s.d.

$\alpha,\ \beta,\ \gamma,\ \delta,\ \mu$: facteurs de surface cutanée projetée sur les différentes parois s.d.,
$2\alpha + \beta + \gamma + \delta + \mu = 1$.

Nu : nombre de Nusselt, s.d.

Re : nombre de Reynolds, s.d.

Pr : nombre de Prandtl, s.d.

Sh : nombre de Sherwood, s.d.

Sc : nombre de Schmidt, s.d.

g : constante de gravité, $Pa.m^{-2}.kg^{-1}$.

β : coefficient de dilatation volumique, $°C^{-1}$.

ν : viscosité cinématique du fluide ; $m^2.s^{-1}$.

μ : viscosité dynamique du fluide, Pa.s ou $N.s.m^{-2}$.

f : fréquence, Hz.

r : distance entre dA_1 et dA_2, m.

θ_1 : angle entre la normale dA_1 et la droite reliant dA_1 et dA_2, rad.

θ_2 : angle entre la normale dA_2 et la droite reliant dA_1 et dA_2, rad.

T : période

U : tension du secteur = 220 V

R : résistance, Ω

τ : durée de chauffe, s.

t : période secteur, ms.

T_{noyau} : température interne du noyau, °C.

$\overline{T}_{sk}$: température moyenne de la surface cutanée, °C.

T_m : température de la surface du matelas, °C.

T_{in} : température interne, °C.

ΔT : différence de température entre la surface du solide et le fluide, °C.

T_e : température de l'air expiré, °C.

T_i : température de l'air inspiré, °C.

T_a : température de l'air, °C.

T_s : température de la paroi supérieure, °C.

T_{av} : température de la paroi avant,°C.

T_{ar} : température de la paroi arrière, °C.

T_m : température du matelas, °C.

T_l : température des parois latérales gauche et droite, °C.

T : température du corps, K.

$\overline{T_r}$: température moyenne de rayonnement, °C.

$\overline{T}_{cl}$: température moyenne de surface du sujet habillé, °C.

T_{tr} : température de surface du tronc, °C.

T_{te} : température de surface de la tête, °C.

T_{jd} : température de surface du membre inférieur droit, °C.

T_{jg} : température de surface du membre inférieur gauche, °C.

T_{bd} : température de surface du membre supérieur droit, °C.

T_{bg} : température de surface du membre supérieur gauche, °C.

$\dfrac{\partial T}{\partial n}$: gradient de température, K.

Q_s : débit sanguin, l.h^{-1}.

C_s : chaleur massique du sang, KJ.kg^{-1}.°C^{-1}.

$\dot{V}$: débit respiratoire, m^3.h^{-1}.

V_r : débit ventilatoire, m^3.h^{-1}.

$\dot{m}_{H2O}$: débit d'eau transférée de la phase liquide à la phase gazeuse, g.s^{-1}.

L_v : chaleur latente de vaporisation de l'eau, kJ.kg^{-1}.

V_a : vitesse de l'air circulant, m.s^{-1}.

M_e : masse de vapeur d'eau par kilo d'air expiré, kg.m^{-3}.

M_i : masse de vapeur d'eau par kilo d'air inspiré, kg.m^{-3}.

$TEWL$: pertes évaporatoires transcutanées, g.h^{-1}.m^{-2}.

$P_{H20,s}$: pression partielle de vapeur d'eau de la peau, kPa.

$P_{H2O,a}$: pression partielle de vapeur d'eau de l'air, kPa.

R : constante des gaz parfait, $Pa.m^3.K^{-1}.mol^{-1}$.

HR : humidité relative, %.

ER_i : évaporation locale mesurée sur les sites corporels, $g.h^{-1}.m^{-2}$.

$Area_i$: surface cutanée de chaque site corporel, m^2.

BSA : surface corporelle calculée à partir de la formule de *Dubois*, m^2.

$$BSA = 0,2157 \ W_t^{0,425} \ H^{0,725}$$

W_t : masse corporelle, kg.

H : taille du nouveau-né, m.

I_{cl} : isolement vestimentaire, $m^2.°C.W^{-1}$ ou clo ; 1 clo = 0,155 $m^2.°C.W^{-1}$.

F_{cl} : facteur de réduction des échanges de chaleur sensible par le vêtement, s.d.

$F_{p,cl}$: facteur de réduction des échanges de chaleur latente, s.d.

Cal : calorie

m : mètre

kg : kilo

g : gramme

s : seconde

min : minute

h : heure

J : joule

W : Watt

Pa : pascal

sr : stéradian

rad : radiant

A: ampère

°C: degré Celsius

K: Kelvin

s.d.: sans dimension

V : volt

Ω : ohm

l : litre

mbar : millibar.

ANNEXES

Balance de précision
(IB 12 EDE-P ; MAX 12 kg ; d = 0,1 g (6kg) 0,2 g (12kg))

ANNEXE 2

Pompe Mini-S 3 canaux, B32067, 40 tr.min^{-1}

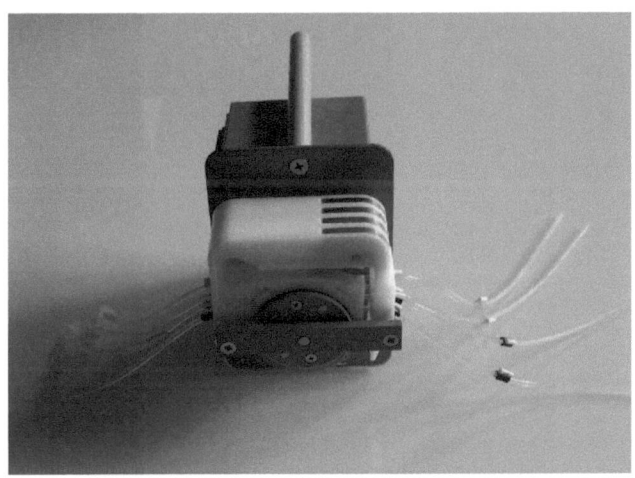

Pompe MS-CA 4 cassettes, B32089, 40 tr.min^{-1}

Tableau 3.1 : Mesure des pertes de chaleur évaporatoire totale du mannequin par la balance (g.h^{-1}) et par la puissance de chauffe (W) en fonction des différents paramètres thermohygrométriques et de la vitesse d'écoulement de l'air (100 % de mouillure de surface).

T_a (°C)	V_a (m.s^{-1})	E (g.h^{-1}) HR (%)				P (W) HR (%)			
		40	50	60	80	40	50	60	80
33	Naturelle	30,6±0,2	28,1±0,3	25,8±0,2	20,6±0,2	22,8±0,1	20,3±0,6	19,2±0,3	15,5±0,2
	0,2	49,5±0,7	46,6±0,4	42,9±0,3	37,7±0,3	34,9±0,5	33,3±0,5	32,2±0,2	27,2±0,4
	0,4	53,5±0,3	48,3±0,4	45,6±0,2	40,8±0,2	37,6±0,2	35,5±0,2	34,1±0,1	30,1±0,3
	0,7	60,0±0,1	55,9±0,6	53,1±0,2	44,4±0,3	42,1±0,2	40,2±0,9	38,6±0,4	33,9±0,2
36	Naturelle	28,6±0,1	25,7±0,2	23,1±0,2	17,8±0,1	22,0±0,5	18,6±0,1	17,4±0,3	13,4±0,3
	0,2	44,1±0,9	42±0,8	38,8±0,3	33,7±0,3	30,7±0,6	29,3±0,6	27,1±0,2	23,5±0,2
	0,4	47,4±0,3	44,3±0,2	40,5±0,5	34,8±0,4	33,0±0,2	30,9±0,2	28,2±0,3	24,2±0,2
	0,7	55,1±0,3	51,1±0,3	48,0±0,3	38,9±0,1	38,4±0,2	35,6±0,2	33,5±0,2	27,1±0,1

Tableau 3.2 : Mesure des pertes de chaleur évaporatoire du membre supérieur gauche par la balance (g.h^{-1}) et par la puissance de chauffe (W) en fonction des différents paramètres thermohygrométriques et de la vitesse d'écoulement de l'air (100 % de mouillure de surface).

T_a (°C)	V_a (m.s^{-1})	E (g.h^{-1})				P (W)			
		HR (%)				HR (%)			
		40	50	60	80	40	50	60	80
33	Naturelle	2,7±0,1	2,6±0,1	2,3±0,2	1,7±0,1	2,0±0,1	1,8±0,1	1,7±0,1	1,3±0,1
	0,2	5,2±0,1	4,9±0,2	4,6±0,1	3,6±0,1	3,7±0,1	3,5±0,1	3,3±0,1	2,6±0,1
	0,4	5,5±0,17	5,2±0,1	4,9±0,1	3,9±0,3	3,9±0,1	3,7±0,1	3,4±0,1	2,9±0,1
	0,7	5,9±0,14	5,6±0,1	5,2±0,2	4,0±0,2	4,4±0,1	3,9±0,1	3,8±0,1	3,0±0,1
36	Naturelle	2,4±0,1	2,2±0,1	2,0±0,1	1,6±0,2	1,8±0,1	1,7±0,1	1,6±0,1	1,2±0,1
	0,2	4,6±0,1	4,3±0,15	4,0±0,1	3,0±0,3	3,3±0,1	3,2±0,1	2,9±0,1	2,3±0,1
	0,4	4,9±0,14	4,4±0,1	4,2±0,1	3,3±0,1	3,5±0,1	3,3±0,1	3,1±0,1	2,5±0,1
	0,7	5,3±0,1	5,0±0,2	4,9±0,1	3,6±0,3	3,9±0,1	3,1±0,1	3,4±0,1	2,7±0,1

Tableau 3.3 : Mesure des pertes de chaleur évaporatoire du membre supérieur droit par la balance (g.h^{-1}) et par la puissance de chauffe (W) en fonction des différents paramètres thermohygrométriques et de la vitesse d'écoulement de l'air (100 % de mouillure de surface).

T_a (°C)	V_a (m.s^{-1})	E (g.h^{-1})				P (W)			
		HR (%)				HR (%)			
		40	50	60	80	40	50	60	80
33	Naturelle	2,4±0,1	2,3±0,1	2,2±0,1	1,6±0,2	1,9±0,1	1,8±0,1	1,6±0,1	1,2±0,1
	0,2	4,4±0,1	4,2±0,1	3,9±0,1	2,9±0,2	3,2±0,1	3,1±0,1	2,9±0,1	2,2±0,1
	0,4	5,0±0,1	4,7±0,1	4,3±0,1	3,4±0,2	3,6±0,1	3,4±0,1	3,1±0,1	2,5±0,1
	0,7	5,3±0,1	5,0±0,1	4,7±0,2	3,6±0,3	3,9±0,1	3,6±0,1	3,4±0,1	2,6±0,1
36	Naturelle	2,3±0,2	2,2±0,1	1,9±0,2	1,4±0,1	1,8±0,1	1,6±0,1	1,5±0,1	1,1±0,1
	0,2	4,2±0,2	3,9±0,1	3,6±0,1	2,6±0,1	2,9±0,1	2,8±0,1	2,6±0,1	1,9±0,1
	0,4	4,6±0,1	4,3±0,1	3,9±0,2	3,0±0,1	3,2±0,1	3,0±0,2	2,8±0,1	2,3±0,1
	0,7	4,7±0,2	4,4±0,2	4,2±0,1	3,3±0,3	3,5±0,1	3,2±0,1	3,1±0,1	2,4±0,1

Tableau 3.4 : Mesure des pertes de chaleur évaporatoire du membre inférieur gauche par la balance (g.h^{-1}) et par la puissance de chauffe (W) en fonction des différents paramètres thermohygrométriques et de la vitesse d'écoulement de l'air (100 % de mouillure de surface).

T_a (°C)	V_a (m.s^{-1})	E (g.h^{-1})				P (W)			
		HR (%)				HR (%)			
		40	50	60	80	40	50	60	80
33	Naturelle	4,9±0,1	4,6±0,1	4,3±0,1	3,3±0,1	3,5±0,1	3,3±0,1	3,0±0,1	2,5±0,1
	0,2	7,2±0,1	6,6±0,2	6,3±0,1	5,9±0,1	5,0±0,1	4,8±0,1	4,6±0,1	4,2±0,1
	0,4	8,2±0,1	7,9±0,1	7,5±0,1	6,9±0,2	5,8±0,1	5,6±0,1	5,3±0,1	4,9±0,1
	0,7	8,9±0,1	8,6±0,1	8,3±0,1	7,8±0,2	6,3±0,1	6,1±0,1	5,9±0,1	5,6±0,1
36	Naturelle	4,4±0,16	4,2±0,1	3,7±0,2	3,0±0,3	3,3±0,1	3,0±0,1	2,8±0,1	2,1±0,1
	0,2	6,3±0,13	5,9±0,2	5,6±0,1	5,0±0,1	4,5±0,1	4,3±0,1	4,1±0,2	3,7±0,1
	0,4	7,3±0,13	6,9±0,1	6,6±0,2	6,0±0,2	5,1±0,1	4,9±0,1	4,7±0,1	4,4±0,1
	0,7	8,2±0,2	7,8±0,1	7,3±0,1	6,6±0,2	5,7±0,1	5,5±0,1	5,3±0,1	4,8±0,1

Tableau 3.5 : Mesure des pertes de chaleur évaporatoire du membre inférieur droit par la balance (g.h^{-1}) et par la puissance de chauffe (W) en fonction des différents paramètres thermohygrométriques et de la vitesse d'écoulement de l'air (100 % de mouillure de surface).

T_a (°C)	V_a (m.s^{-1})	E (g.h^{-1})				P (W)			
		HR (%)				HR (%)			
		40	50	60	80	40	50	60	80
33	Naturelle	4,3±0,1	4,0±0,1	3,7±0,2	2,9±0,2	3,1±0,1	2,9±0,1	2,7±0,1	2,2±0,1
	0,2	5,7±0,1	5,6±0,1	5,3±0,1	4,7±0,2	4,2±0,1	4,0±0,1	3,8±0,1	3,4±0,1
	0,4	6,3±0,1	6,2±0,1	5,7±0,2	5±0,2	4,5±0,1	4,3±0,1	4,1±0,1	3,7±0,1
	0,7	6,9±0,1	6,6±0,1	6,5±0,2	5,7±0,2	4,9±0,1	4,7±0,1	4,6±0,1	4,2±0,1
36	Naturelle	4±0,1	3,9±0,1	3,4±0,2	2,6±0,3	2,9±0,1	2,7±0,1	2,5±0,2	1,9±0,1
	0,2	5,2±0,2	4,9±0,1	4,6±0,2	4±0,2	3,7±0,1	3,5±0,1	3,4±0,1	3,1±0,1
	0,4	5,7±0,1	5,5±0,2	5,2±0,1	4,6±0,2	4±0,1	3,9±0,1	3,7±0,1	3,3±0,2
	0,7	6,5±0,3	6±0,2	5,7±0,1	4,9±0,2	4,7±0,4	4,3±0,1	4,1±0,2	3,7±0,1

Tableau 3.6 : Mesure des pertes de chaleur évaporatoire du tronc par la balance ($g.h^{-1}$) et par la puissance de chauffe (W) en fonction des différents paramètres thermohygrométriques et de la vitesse d'écoulement de l'air (100 % de mouillure de surface).

T_a (°C)	V_a ($m.s^{-1}$)	E ($g.h^{-1}$)				P (W)			
		HR (%)				HR (%)			
		40	50	60	80	40	50	60	80
33	Naturelle	5,9±0,1	5,3±0,1	5,2±0,1	4,4±0,1	4,3±0,1	3,9±0,1	3,7±0,1	3,1±0,1
	0,2	14,1±0,1	13,8±0,1	11,9±0,1	10,6±0,1	9,9±0,1	9,7±0,1	8,5±0,1	7,6±0,1
	0,4	15,6±0,2	14,6±0,1	14,2±0,2	12,9±0,1	11,0±0,1	10,4±0,1	10,1±0,1	9,0±0,1
	0,7	16,5±0,2	16,2±0,1	15,8±0,3	15,1±0,1	11,7±0,1	11,5±0,1	11,5±0,1	10,6±0,1
36	Naturelle	5,9±0,3	5,0±0,2	4,6±0,2	3,9±0,1	4,3±0,4	3,5±0,1	3,4±0,1	2,8±0,2
	0,2	12,5±0,1	12,1±0,1	11,3±0,3	9,6±0,2	8,9±0,1	8,5±0,1	8±0,1	6,9±0,1
	0,4	13,8±0,2	13,2±0,2	12,8±0,2	11,2±0,2	9,8±0,1	9,3±0,1	9,0±0,2	8,0±0,1
	0,7	14,8±0,3	14,5±0,1	14,1±0,2	13,1±0,2	10,5±0,1	10,3±0,1	10,1±0,8	9,3±0,1

Tableau 3.7 : Mesure des pertes de chaleur évaporatoire de la tête par la balance (g.h^{-1}) et par la puissance de chauffe (W) en fonction des différents paramètres thermohygrométriques et de la vitesse d'écoulement de l'air (100 % de mouillure de surface).

T_a (°C)	V_a (m.s^{-1})	E (g.h^{-1})				P (W)			
		HR (%)				HR (%)			
		40	50	60	80	40	50	60	80
33	Naturelle	8,9±0,1	8,6±0,1	8,0±0,1	6,3±0,2	6,4±0,1	6,1±0,1	5,6±0,1	4,4±0,1
	0,2	11,6±0,1	11,2±0,1	10,8±0,1	8,5±0,2	8,2±0,1	8,0±0,1	7,5±0,1	5,9±0,1
	0,4	13,1±0,1	11,8±0,2	11,2±0,1	9,3±0,2	9,3±0,1	8,3±0,1	7,8±0,1	6,6±0,1
	0,7	15,1±0,3	13,9±0,2	12,6±0,2	10,9±0,1	10,6±0,2	9,8±0,1	8,8±0,2	7,7±0,1
36	Naturelle	8,5±0,2	7,9±0,3	7,2±0,2	5,6±0,2	6,0±0,2	5,6±0,1	5,1±0,1	3,9±0,1
	0,2	10,5±0,1	10,2±0,1	9,6±0,2	7,6±0,3	7,4±0,1	7,2±0,2	6,8±0,13	5,3±0,1
	0,4	11,5±0,2	10,6±0,1	9,9±0,3	8,3±0,2	8,2±0,1	7,4±0,1	7,0±0,2	5,9±0,1
	0,7	14,4±0,3	12,9±0,2	11,6±0,1	9,5±0,2	10,3±0,1	9,2±0,2	8,3±0,1	6,8±0,1

Tableau 3.8 : Mesure des pertes de chaleur évaporatoire du mannequin et de chacun de ces membres par la balance (g.h^{-1}) et par la puissance de chauffe (W) en fonction de l'humidité de l'air (70 % de mouillure de surface et pour une température d'air de 33 °C).

Membres	$E(\text{g.h}^{-1})$				$P(\text{W})$			
	HR(%)				HR(%)			
	40	50	60	80	40	50	60	80
Mannequin	22,0±0,2	20,3±0,5	18,7±0,2	15,0±0,2	15,5±0,1	14,3±0,4	13,2±0,1	10,5±0,1
Tête	6,6±0,2	6,0±0,1	5,7±0,1	4,4±0,1	4,7±0,1	4,2±0,1	4,0±0,1	3,2 ±0,1
Tronc	4,3±0,1	3,9±0,1	3,7±0,1	3,0±0,1	3,1±0,1	2,8±0,1	2,6±0,1	2,2±0,1
Membre inférieur gauche	3,5±0,1	3,3±0,1	3,0±0,1	2,4±0,2	2,5±0,1	2,4±0,1	2,2±0,1	1,8±0,1
Membre inférieur droit	3,0±0,1	2,9±0,1	2,7±0,1	2,1±0,1	2,2±0,1	2,1±0,1	2,0±0,1	1,6±0,1
Membre supérieur gauche	1,9±0,1	1,8±0,1	1,7±0,1	1,2±0,1	1,4±0,1	1,3±0,1	1,2±0,1	0,9±0,1
Membre supérieur droit	1,7±0,1	1,6±0,1	1,5±0,1	1,1±0,1	1,3±0,1	1,2±0,1	1,1±0,1	0,9±0,1

Tableau 3.9 : Mesure des pertes de chaleur évaporatoire du mannequin et de chacun de ces membres par la balance (g.h^{-1}) et par la puissance de chauffe (W) en fonction de l'humidité de l'air (80 % de mouillure de surface et pour une température d'air de 33 °C.

	$E(g.h^{-1})$				$P(W)$			
	$HR(\%)$				$HR(\%)$			
Membres	40	50	60	80	40	50	60	80
Mannequin	24,7±0,1	23,8±0,2	21,3±0,1	17,0±0,2	17,3±0,1	16,7±0,1	14,9±0,1	12,0±0,1
Tête	7,0±0,1	6,8±0,1	6,4±0,1	5,0±0,1	5,0±0,1	4,8±0,1	4,6±0,1	3,7±0,1
Tronc	4,8±0,1	4,3±0,1	4,2±0,1	3,5±0,1	3,4±0,1	3,2±0,1	3,0±0,1	2,6±0,1
Membre inférieur gauche	4,0±0,1	3,7±0,1	3,4±0,1	2,7±0,1	2,9±0,1	2,7±0,1	2,5±0,1	2,0±0,1
Membre inférieur droit	3,5±0,1	3,2±0,1	3,0±0,1	2,3±0,1	2,6±0,1	2,4±0,1	2,2±0,1	1,7±0,1
Membre supérieur gauche	2,2±0,1	2,1±0,1	1,9±0,1	1,4±0,1	1,6±0,1	1,5±0,1	1,4±0,1	1,1±0,1
Membre supérieur droit	2,0±0,1	1,9±0,1	1,8±0,1	1,3±0,1	1,5±0,1	1,4±0,1	1,3±0,1	1,0±0,1

ANNEXE 4

Tableau 4.4 : Pertes évaporatoires du mannequin et de chacun de ses segments mesurées par la balance ($W.m^{-2}$) en convection naturelle et forcée en fonction de l'humidité relative de l'air.

Vitesse ($m.s^{-1}$)	Humidité de l'air (%)	Pertes évaporatoires						
		Mannequin	Tête	Tronc	Membre inférieur gauche	Membre inférieur droit	Membre supérieur gauche	Membre supérieur droit
Naturelle	40	225,6±1,5	247,6±1,8	184,3±0,4	247,9±3,1	216,9±4,5	215,3±10,0	191,4±8,3
	50	205,6±1,5	230,6±0,9	179,3±1,2	232,4±6,2	201,4±8,9	191,4±8,3	179,4±4,8
	60	165,8±1,0	182,8±0,9	156,1±1,1	178,1±3,1	154,9±4,4	143,5±4,2	131,6±4,3
	80	100,1±0,8	109,2±0,7	97,1±1,0	116,2±0,6	100,7±1,6	95,7±1,6	71,8±3,6
	100	5,2±0,2	5,8±0,2	9,9±0,2	7,7±0,1	7,7±0,2	5,1±0,1	4,6±0,2
0,2	40	374,3±3,3	329,4±0,6	485,3±1,1	348,6±4,5	302,1±4,4	406,7±9,1	346,9±6,9
	50	343,8±1,8	309,3±0,9	415,8±1,6	333,1±4,5	286,6±4,5	382,8±3,0	323,0±6,9
	60	302,6±2,4	244,5±0,9	376,7±1,1	317,6±4,5	255,6±4,3	299,0±5,5	239,2±7,0
	80	200,3±5,5	170,0±5,2	275,6±4,5	216,9±5,0	185,9±5,2	179,4±4,5	143,5±8,0
	100	0	0	0	0	0	0	0
0,4	40	387,6±2,4	341,6±1,6	503,3±1,1	426,0±4,5	333,1±4,4	430,6±9,1	394,7±1,4
	50	366,3±1,8	323,1±1,4	493,6±0,9	402,8±4,5	309,8±4,4	406,7±4,4	358,9±9,7
	60	327,3±1,6	274,9±1,1	450,3±1,1	371,8±4,4	271,1±4,4	323,0±3,6	287,1±5,0
	80	225,0±5,0	184,0±4,0	316,0±4,0	247,9±7,6	201,4±5,0	215,3±5,0	179,4±5,1
	100	0	0	0	0	0	0	0
0,7	40	448,1±5,6	400,0±1,7	562,7±1,2	464,8±4,4	356,3±4,4	466,5±4,5	418,7±2,0
	50	425,6±1,8	363,2±1,0	547,6±0,4	449,3±7,7	348,6±4,4	430,6±2,5	394,7±6,9
	60	355,7±2,5	313,7±1,6	522,9±0,8	418,3±4,5	309,8±4,5	334,9±5,0	299,0±12,8
	80	266,0±5,3	202,3±3,2	403,4±5,3	302,1±5,3	224,6±4,0	263,2±11,0	215,3±5,0
	100	0	0	0	0	0	0	0

Humidité absolue

L'humidité absolue d'un gaz, et donc de l'air, correspond à la quantité d'eau contenue dans ce gaz sous forme de vapeur.

Cette quantité d'eau peut être exprimée massiquement, en $g.m^{-3}$ d'air. Elle peut également être exprimée sous forme de pression partielle.

En assimilant la vapeur d'eau à un gaz parfait, on peut déduire l'humidité absolue $(g.m^{-3})$ à partir de l'équation de la loi des gaz parfaits :

$$\rho = \frac{P_v}{461{,}89(T_a + 273{,}15)}$$

Pression partielle

La pression partielle d'un gaz dans un mélange gazeux est égale au produit de la pression totale du mélange par la fraction de ce gaz dans le mélange. Par conséquent, la somme des pressions partielles des gaz du mélange est la pression totale du mélange. Cette loi des pressions partielles (loi de Dalton) s'applique également à la vapeur d'eau. La quantité de la vapeur d'eau d'un mélange peut donc être exprimée par sa pression partielle. Dans le Système International d'Unités (SI), la pression partielle est exprimée en pascals (Pa) qui correspondent à des $N.m^{-2}$.

La pression partielle de vapeur d'eau, peut se calculer selon une formule proposée par General Eastern (1991) :

$$P_v = HR6{,}1078\, e^{17{,}2694\frac{Ta}{Ta+238{,}1}}$$

Pression de vapeur saturante

L'humidité absolue d'un certain volume d'air à une température déterminée ne peut dépasser une certaine valeur limite, il y a alors saturation et condensation d'eau. Pour cette valeur limite de l'humidité absolue, la valeur de la pression partielle de vapeur d'eau a donc également une valeur maximale limite appelée pression de vapeur saturante.

Celle ci, indépendante de la pression totale de l'air, ne dépend que de la température de l'air.

A 37 °C, la pression de vapeur saturante est de 63 mbar, soit 6300 Pa.

Humidité relative

L'humidité relative d'un volume d'air à une température donnée se définit par la quantité d'eau s'y trouvant sous forme de vapeur par rapport à la quantité d'eau présente pour cette même température à saturation.

L'humidité relative correspond par conséquent au rapport entre la pression partielle de vapeur d'eau mesurée et la pression de vapeur saturante à la température ambiante correspondante.

$$Humidité\ Re\,lative : HR = \frac{Pr\,ession\ partielle\ de\ vapeur\ d'\,eau}{Pr\,ession\ de\ vapeur\ saturante} \times 100$$

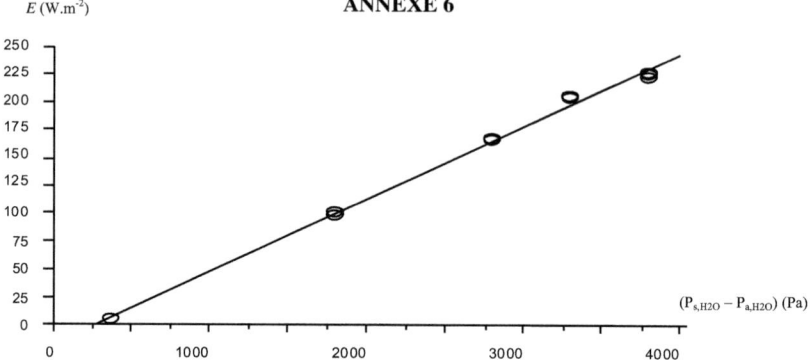

Figure 4.1 : Perte de chaleur évaporatoire du mannequin (E, W.m^{-2}) en fonction de la différence entre la pression partielle de vapeur d'eau de surface $P_{s,H2O}$ et celle de l'air $P_{a,H2O}$ en (Pa).

$E = (0,066 \pm 0,001)*(P_{s,H2O} - P_{a,H2O}) - (17,8 \pm 2,6)$; $\qquad$ r^2 = 0,99 ; p < 0,001

La valeur de l'ordonnée à l'origine de 17,8 W.m^{-2} = 2,2 g.h^{-1} caractérise l'erreur de mesure. Bien qu'elle soit petite, cette valeur est significativement différente de zéro (t_{14} = 6,79 ; p < 0,0001).

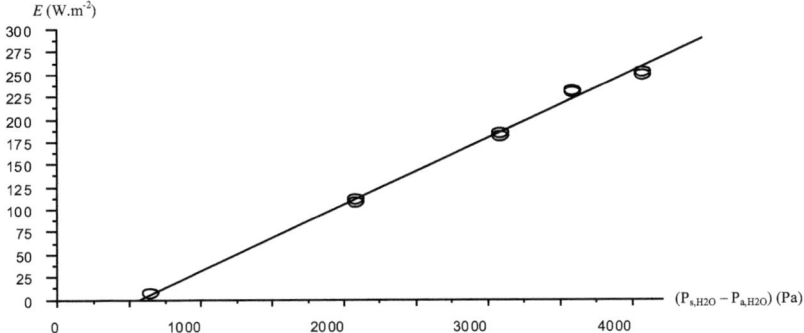

Figure 4.2: Perte de chaleur évaporatoire de la tête (E, W.m^{-2}) en fonction de la différence entre la pression partielle de vapeur d'eau de surface $P_{s,H2O}$ et celle de l'air $P_{a,H2O}$ en (Pa).

$E = (0,073 \pm 0,001)*(P_{s,H2O} - P_{a,H2O}) - (41,2 \pm 3,7)$; $\qquad$ r^2 = 0,99 ; p < 0,0001

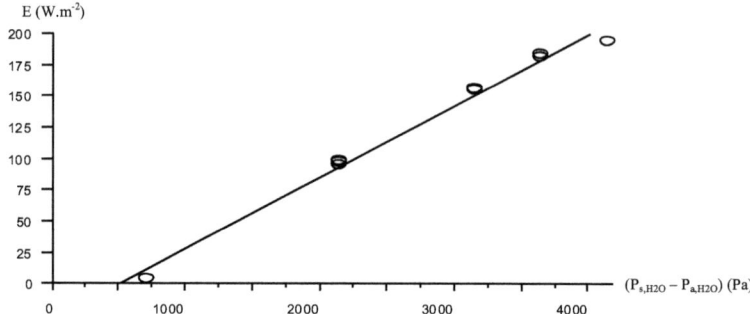

Figure 4.3: Perte de chaleur évaporatoire du tronc (E, W.m^{-2}) en fonction de la différence entre la pression partielle de vapeur d'eau de surface $P_{s,H2O}$ et celle de l'air $P_{a,H2O}$ en (Pa).

$E = (0,057 \pm 0,002)*(P_{s,H2O} - P_{a,H2O}) - (30,3 \pm 5,2)$; $r^2 = 0,98$; p < 0,0001

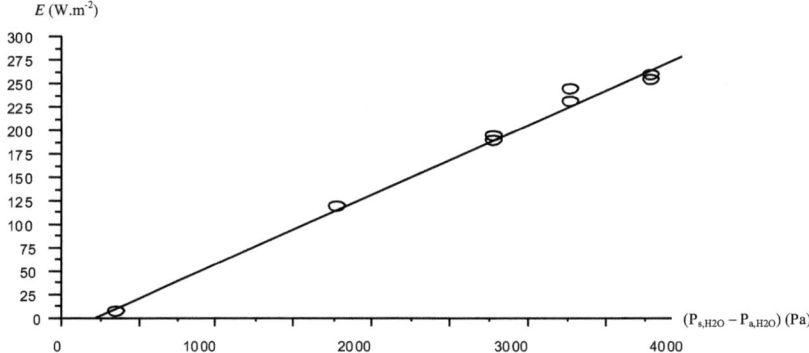

Figure 4.4: Perte de chaleur évaporatoire du membre inférieur gauche (E, W.m^{-2}) en fonction de la différence entre la pression partielle de vapeur d'eau de surface $P_{s,H2O}$ et celle de l'air $P_{a,H2O}$ en

$E = (0{,}074 \pm 0{,}001)*(P_{s,H2O} - P_{a,H2O}) - (16{,}6 \pm 3{,}9)$; $r^2 = 0{,}99$; p < 0,0001

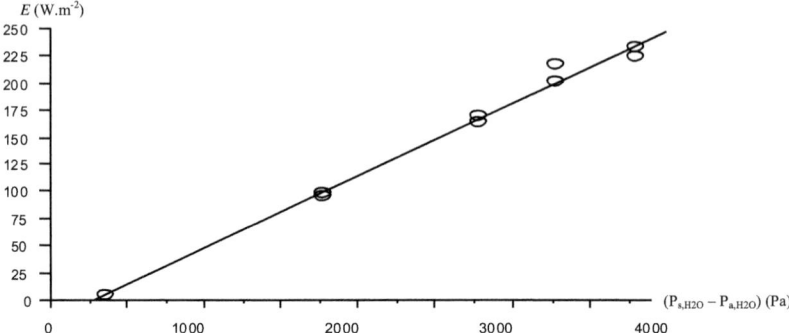

Figure 4.5: Perte de chaleur évaporatoire du membre inférieur droit (E, W.m^{-2}) en fonction de la différence entre la pression partielle de vapeur d'eau de surface $P_{s,H2O}$ et celle de l'air $P_{a,H2O}$ en (Pa).

$$E = (0,066 \pm 0,001)*(P_{s,H2O} - P_{a,H2O}) - (18,2 \pm 3,6) \; ; \qquad r^2 = 0,99 \; ; \; p <$$
$$0,0001$$

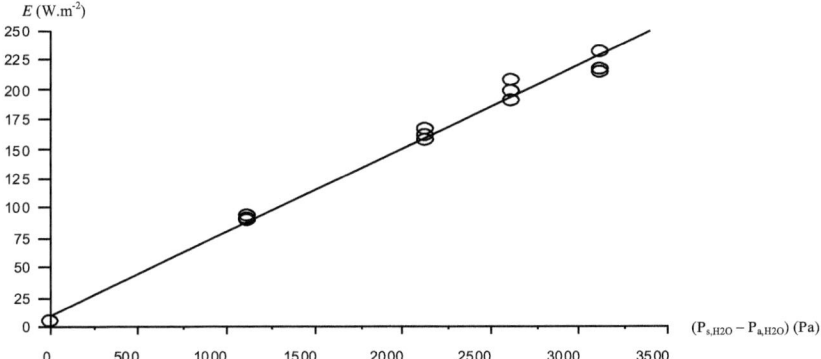

Figure 4.6: Perte de chaleur évaporatoire du membre supérieur gauche (E, W.m^{-2}) en fonction de la différence entre la pression partielle de vapeur d'eau de surface $P_{s,H2O}$ et celle de l'air $P_{a,H2O}$ en (Pa).

$$E = (0,071 \pm 0,002)*(P_{s,H2O} - P_{a,H2O}) - (9,1 \pm 3,7) ; \qquad r^2 = 0,99 ; p < 0,0001$$

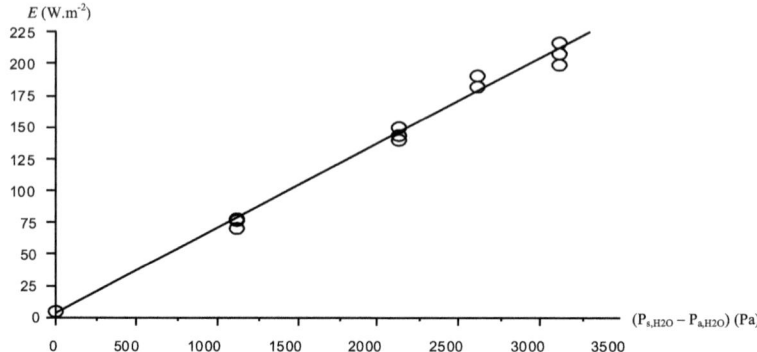

Figure 4.7: Perte de chaleur évaporatoire du membre supérieur droit (E, W.m^{-2}) en fonction de la différence entre la pression partielle de vapeur d'eau de surface $P_{s,H2O}$ et celle de l'air $P_{a,H2O}$ en (Pa).

$$E = (0{,}067 \pm 0{,}001)*(P_{s,H2O} - P_{a,H2O}) - (3{,}4 \pm 3{,}0) \qquad r^2 = 0{,}99 \; ; \; p <$$
$$0{,}0001$$

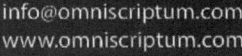